おうちでエステ!

(手づくり
コスメ
編)

小幡有樹子

Face Lotion
Moisturizer
Body Scrub
Bath Salt
Shampoo&Rinse
Reflexology Oil
Lip Pack
Hand Cream

Obata Yukiko

高橋書店

は じ め に

エステできれいになるのはお金がかかる。パックやスクラブを自分でつくるのは難しくてめんどう。そんなふうに思っている方のために、この本をつくりました。材料は日常生活でごくふつうに目にするものばかり。水や油といった肌にとって大切な基本材料をそのまま使って、肌がイキイキするオリジナルコスメをつくってみませんか？ つくり方はいたってかんたん。材料を混ぜるだけでできあがりです。めんどくさがり屋の私がつくったレシピは、誰でもかんたんにできる究極のシンプルレシピです。パパッとつくったら、いよいよ自分だけに用意された極上のエステタイムのはじまりです。ぴかぴかに輝く頬、さらさらとツヤのある髪、しっとりうるおう手…そして一日の疲れを忘れてリラックス。どれも材料のよさや役割をストレートに感じるレシピばかりです。かんたんで使い心地のよい手づくりコスメをぜひ、試してみませんか？ 一度つくりはじめると、その楽しさにやみつきになって、やめられなくなるかもしれませんよ。

CONTENTS

はじめに 2

PART 1 フェイスケア

ベーシックケア

●水のちからで洗う 12
　フェイススチーム 13
　フェイスウォッシュ 13
●水のちからでうるおう 14
　化粧水 14
　ウォーターパック 14
●オイルのちからで洗う 18
　クレンジングオイル 18
　クレンジングジェル 18
●オイルのちからでうるおう 20
　フェイスオイル 20
　オイルパック 20
●牛乳のちからで洗う 24
　フェイスウォッシュ 24
　フェイススクラブ 24

スペシャルケア

●ローズウォーターとはちみつのしっとりセット 32
　フェイスワイプ 34
　化粧水 34
　フェイスパック 35
●オートミールとヨーグルトのしっとりセット 36
　フェイスウォッシュ 38
　フェイスパック 39
　フェイススクラブ 39

- ●アロエとワインのさっぱりセット　40
  - フェイスワイプ　42
  - フェイスパック　42
  - 化粧水　43
- ●クレイと抹茶のさっぱりセット　44
  - フェイスパック　46
  - フェイスウォッシュ　47
  - フェイススクラブ　47

PART 2　ボディケア

フットケア
- ●かかとの角質・解消メニュー　52
  - フットスクラブ　54
  - フットパック　55
- ●足の疲れ・解消メニュー　56
  - フットバス　58
  - マッサージオイル　59
- ●足の蒸れ・解消メニュー　60
  - フットスプレー　62
  - フットバス　63

ボディケア
- ●肌のくすみ・解消メニュー　68
  - 入浴剤　70
  - ボディスクラブ　70
  - ボディパック　71
- ●肌のカサカサ・解消メニュー　72
  - ボディスクラブ　74
  - ボディクリーム　74
  - ボディスプラッシュ　75
- ●肌のたるみ・解消メニュー　76
  - ボディスクラブ　78
  - ボディパック　78
  - ボディマッサージオイル　79

ヘアケア
- ●ベタつきやすい髪・解消メニュー　84
  - シャンプー　86
  - リンス液　86
  - ヘアマッサージトニック　87
- ●ツヤのない髪・解消メニュー　88
  - シャンプー　90
  - リンス液　90
  - ヘアクリーム　91

ハンドケア
- ●手のガサガサ・解消メニュー　96
  - ハンドバス　98
  - ハンドクリーム　98
- ●手の黒ずみ・解消メニュー　97
  - ハンドスクラブ　99
  - ハンドパック　99

リップケア
- ●唇のカサカサ・解消メニュー　100
  - リップクリーム　101
  - リップパック　101

PART 3 セルフケア

- ●一日を元気にはじめるセット　108
  - シャワーソープ　110
  - アイパック　110
- ●ぐっすり眠るためのセット　109
  - 入浴剤　111
  - ハーブスチーム　111
- ●ウツウツをやわらげるセット　112
  - アイピロー　114
  - フェイススチーム　114

- ●イライラをふきとばすセット 113
  - オーデコロン 115
  - 入浴剤 115
- ●肩や首の疲れを癒すセット 116
  - ハンドバス 117
  - ホットパックオイル 117

基本の道具&材料 120
精油&ハーブガイド 122
Shop List 123
プレゼントアイデア 124
おわりに 126

マッサージ

① フェイス 28　② フット 66
③ ボディ 82　④ ヘッド・ネックライン 94

素材のちから

「水」 16　　　　「オイル」 22
「牛乳」 26　　　「穀類・豆類」 30
「柑橘類」 64　　「塩」 80
「ビネガー」 92　「専門材料」 102
「ハーブ」 118

手つくり化粧品を安全に楽しむために

※自然化粧品をつくる道具や保存に使う容器は、よく洗い、熱湯や無水エタノールで消毒してから使いましょう。熱湯消毒の場合、沸騰した湯で20分が目安です。
※つくる前に、手をきれいに洗いましょう。
※材料によっては、個人の肌にあわないものがあります。使ってみてあわないと感じたら、すぐに使用を中止してください。
※この本で紹介したレシピは、保存のきくもの以外すべて1回分です。できたての新鮮な化粧品を楽しみましょう。
※精油（エッセンシャルオイル）は高濃度です。原則は薄めて使います（122ページ参照）。瓶や箱、注意書きに記載の『使用上の注意』を守りましょう。
※この本で使用している計量スプーンは、大さじ15㎖、小さじ5㎖、計量カップは200㎖です。☆1㎖=1cc

PART 1 フェイスケア

毎日使うのも気持ちいい、
特別なときのお楽しみにするのも素敵。
自然な素材で自分だけのコスメをつくりましょう。

肌に本当に
必要なことは
なんでしょう？

それは難しい名前の成分や、遠くはなれた国にしか存在しない植物の成分を与えることなのでしょうか？　もしかしたら肌が本当に必要としているのは、水やオイルというとても身近な素材だけなのかもしれません。なじみのある素材だけを使って、ていねいに洗って、うるおいを与えるお手入れをする。

素材のちからをそのままたっぷり味わえるように、できるだけシンプルに、できるだけ最小限に。そうすれば、肌はみずから元気になろうと最大限の働きをしてくれます。シンプルな素材は、組み合わせも自由。分量を変えるだけで、洗顔、パック、スクラブ、化粧水といろいろな使い方が生まれます。

肌の汚れを落とすこととうるおいを与えること、ふたつの基本的なケアをシンプルな素材だけで。肌にとって本当に必要なことを、今から始めてみませんか？

ベーシックケア
Basic **C**are

基本のスキンケアは、水とオイル、そのままの素晴らしさを十分に味わってもらえるように、とことんシンプルなレシピにこだわりました。

水のちからで洗う

オイリー肌は蒸気で、乾燥肌は水洗いで毛穴をきれいに。

フェイススチーム
Face steam

蒸気で毛穴をひらき、汚れを取り除くフェイススチーム。緑茶は殺菌＆美肌作用があり、アメリカでもスキンケア素材として注目を浴びています。

材料（1回分）
水　1ℓ
緑茶　大さじ1
作り方
1 鍋で水を沸騰させたら火からおろし、1～2分おく。
2 緑茶を加える。

使い方
蒸気に手をかざして熱すぎないことを確認し、湯面から20cmくらい離れたところから蒸気を顔に当てる。蒸気が逃げないように、頭からタオルをかぶり、テントのような状態にしておくとよい。体をリラックスさせ、蒸気を顔に10分ほど当てる。

※フェイススチームの残り湯は、緑茶を取り除き、入浴剤やフェイスウォッシュとして使ってもよい。

フェイスウォッシュ
Face wash

はと麦は、アメリカでもhatomugiという名前で知られています。美肌作用のあるエキスを揉みだした、やわらかい洗い心地のフェイスウォッシュです。

材料（1回分）
ぬるま湯　洗面器1杯（約2ℓ）
はと麦　大さじ2
作り方
1 はと麦はガーゼかお茶パックなどに入れる。
2 ぬるま湯を入れた洗面器にはと麦を入れ、エキスを揉みだす。
使い方
そのまま洗顔に使う。

※お茶に使ったあとのはと麦でも可。

水のちからでうるおう

水のちからを生かすには、肌に直接、たっぷりがコツ。

 化粧水
Lotion

ワインとレモンとはちみつでつくった化粧水は、一年中使えるクセのない使い心地。オイリー肌なら、白ワインの代わりにウォッカを加えて。

材料（200mℓ分）
精製水　180mℓ
白ワイン　大さじ1
レモンのしぼり汁　小さじ1
はちみつ　小さじ1/2

作り方
1 レモン汁の分量は、レモン約1/8個分。しぼったら、茶こしでカスを取り除いておく。
2 ビーカーに精製水を入れ、白ワイン、レモン汁、はちみつを加えよく混ぜる。

保存
消毒した容器に入れ、冷蔵保存。よく振ってから使う。2週間を目安に使い切る。

ウォーターパック
Water pack

ひんやりしたふるふるのジェルパック。ゼラチンは重さの5〜10倍の水分を吸うので、たっぷりと肌に水分補給ができます。精製水の代わりにハーブティやミルクでも。

材料（1回分）
精製水　50mℓ
粉ゼラチン　小さじ1/4（約1g）

作り方
1 ビーカーに精製水と粉ゼラチンを入れる。鍋を火にかけて、湯煎する。
2 粉ゼラチンが溶けたら火からおろす。
3 粗熱が取れたらパック用シート（35ページ）を2のウォーターパック液にひたし、冷蔵庫で30分ほど冷やす。

使い方
パック液にひたしたパック用シートを取りだし、顔につける。10分おいたら、ぬるま湯で洗い流す。残ったものはヘアパックとして使える。

保存
冷蔵保存。1週間以内に使い切る。

Face Care
フェイスケア

素材のちから

water

私にとって、水は自然化粧品の素材の中でいちばん大切なもの。なぜなら、水は柔軟でさまざまな役割をこなすことができるからです。たとえば、水には汚れを落とすちからがあります。水でバシャバシャと洗うだけでかんたんな汚れはきれいに落ちてしまうし、肌や髪を洗ったあと、石けんを落とすのも水です。また、乾燥した肌をうるおすのも水ならば、洗顔のあとにつける化粧水も水がベース。このように、水は肌にうるおいを与えるちからもあるのです。また、水は素材と素材の間に入ってちからを発揮することもあります。ハーブのエキスを抽出したり、粉と混ざってペースト状にするのも水の役割です。さらに、お風呂やスチームバスからコールドパックまで、温度を変えることでさまざまな効果を発揮するのも、水ならではの柔軟さなのではないかと思います。こうして考えると、水の使い方を知るだけで、ずいぶんたくさんのレシピのレパートリーができそうですね。

肌にとって水分はなくてはならないものですが、水は外側からばかりでなく、内側からも積極的に取り込んだほうがいいようです。アメリカの美容関連の本には、必ずといっていいほど「1日グラス8杯の水を飲みましょう。」と書かれています。私もこの言葉に誘われ実際に試してみましたが、その結果には感動しました。いつもは乾燥しがちな私の肌が、しなやかでしっとり、ハリのあるとてもよい状態になったのです。肌がイキイキと元気でいるために、水は本当に欠かせない素材なのですね。

オイルのちからで洗う

乾燥肌ならクレンジングオイルで、オイリー肌は水と合わせたジェルで。

クレンジングオイル
Cleansing oil

オリーブオイルは、クレンジングから保湿まで使える万能オイル。軽いメイクならきれいに落とせます。米ぬかを少し加え、小さなつぶつぶでスクラブ効果も。乾燥肌、敏感肌に。

材料（1回分）
オリーブオイル　小さじ1
米ぬか　小さじ1/8

作り方
1 オリーブオイルと米ぬかを混ぜる。

クレンジングジェル
Cleansing jell

オリーブオイルは肌あたりが重いという人、にきびができやすい人に。さらっとしたグレープシードオイルと水を組み合わせたジェルタイプのクレンジング。

材料（150㎖）
グレープシードオイル　100㎖
精製水　50㎖
粉ゼラチン　小さじ1/4
ベーキングソーダ　小さじ3/4

作り方
1 グレープシードオイルはビーカーに入れておく。ボウルに氷水を入れておく。
2 別のビーカーに精製水、ベーキングソーダ、粉ゼラチンを入れる。鍋を火にかけて、湯煎する。
3 ベーキングソーダと粉ゼラチンが溶けたら火からおろす。
4 3を1のビーカーに加える。
5 4のビーカーを1の氷水の入ったボウルに入れ、冷やしながらスプーンで混ぜる。
6 液体にとろみがついてきたら、冷蔵庫で20分くらい冷やす。

コツ
液体にとろみがつくまで10〜15分くらい根気よく混ぜる。
冷蔵庫で冷やしたときに、オイルと水が分離していたらスプーンで混ぜる。

保存
消毒したふたつきの容器に入れ、冷蔵保存。1週間を目安に使い切る。

Face Care
フェイスケア

（オイルのちからでうるおう）

ふだん使いはフェイスオイル。乾燥にはオイルパックを。

フェイスオイル
Face oil

しぼりたての椿油の使い心地がやみつきになりました。市販の椿油にはグレープシードオイルを加えると、しぼりたてと同じサラサラ感が味わえます。オイリー肌は椿油とグレープシードオイルの分量を逆にして。

材料（60mℓ分）
椿油　40mℓ
グレープシードオイル　20mℓ

作り方
1　椿油とグレープシードオイルを遮光瓶に入れて、よく振る。
使い方
手のひらに5～6滴取り、よくのばしてから、肌になじませる。
保存
直射日光、高温多湿を避け保存。1年を目安に使い切る。

オイルパック
Face pack

空気が乾燥していると、どんなに保湿剤をぬってもカサカサしてしまいがち。そんなときは、お風呂にゆったりつかりながらオイルパックすると効果的です。レシピはマッサージオイルにも使えます。

材料（1回分）
椿油　小さじ1
ビタミンE　1カプセル
作り方
1　小皿に椿油を入れ、ビタミンEのカプセルを破って中身を加える。
使い方
肌にたっぷりとパックをぬる。首すじや肩も忘れずに。20分おいたら、余分なオイルをティッシュで押さえるように取る。

※マッサージに使うときは、フェイスマッサージに使える精油（エッセンシャルオイル）（29ページ）を参考に、好みの香りをつけてもいいでしょう。

Face Care
フェイスケア

素 材 の ち か ら

オイル
oil

19世紀頃までのアメリカの主婦たちは、動物性の脂に香りのよい花びらを漬け込んで、ポマードなどをつくっていたようですが、現代では植物性のオイルがスキンケアの素材として愛用されています。オイルはメイクを落とすクレンジングやうるおいを与える保湿剤として利用できますが、どのオイルを使うかで使用感がかなり変わってきます。たとえばホホバオイル。これは私たちの肌から分泌される皮脂にとても似ているため、肌にさらっとなじみやすいのが特徴です。これよりしっとり感があるのがオリーブオイル。乾燥肌の方には特におすすめですが、ニキビや吹き出物ができやすい方にはおすすめできません。代わりに、グレープシードオイルのような軽いものがよいでしょう。椿油はオリーブオイルと同じか、それより少し重さがある感じ。乾燥肌の私には欠かせないオイルです。

自分の肌にあったオイルを見つけるのにいちばんよい方法は、直接肌にぬってみること。私がよくするのは、腕に何滴かたらしてのばしてみる方法。オイルはサラサラしているか、それともとろみがあるのか、腕につけたときスムーズにのびるか、少し抵抗感があるか、肌に浸透するのは早いか遅いか、などなどいろんなことを注意して様子をみます。自分の肌でみてみるとオイルの個性や自分の肌との相性がわかってきます。知識として本で勉強するよりも、こんなふうに肌の感覚で知るほうが化粧品のレシピをつくるときには役立つような気がします。

牛乳のちからで洗う

汚れを取り除きながら、肌に油分と水分を同時に補う。

フェイスウォッシュ
Face wash

クレオパトラも愛用したといわれる牛乳風呂。それをそのまま洗顔に使ってみました。シンプルなレシピですが、効果は抜群。牛乳が肌にうるおいとツヤを与えてくれます。

材料（1回分）
ぬるま湯　洗面器1杯(約2ℓ)
牛乳　1/2カップ
作り方
ぬるま湯に牛乳を混ぜる。
使い方
そのまま洗顔する。

フェイススクラブ
Face scrub

肌の汚れを落としながら、同時にうるおいを与える牛乳のスクラブ。乾燥肌には脂肪分の入ったふつうの牛乳で、オイリー肌にはスキムミルクを使うとよいでしょう。

材料（1回分）
牛乳　大さじ1
米ぬか　大さじ1
作り方
牛乳と米ぬかを混ぜる。
使い方
ぬらした肌に直接スクラブする。洗い流す。

Face Care
フェイスケア

素 材 の ち か ら

牛乳
milk

乳製品の中で、自然化粧品の素材として代表的なのはなんといっても牛乳。この素材の素晴らしいところは、水分と油分を両方持ち合わせているところです。つまり水とオイルのちからを一度に発揮できるとても器用な素材なのです。だけど、水とオイルの性質を両方持っていて分離しないなんて、ちょっと不思議だと思いませんか？
実は牛乳の中に含まれる油分（乳脂肪）は、粒子のように小さく、それぞれが乳化作用のある膜に包まれているのだそうです。水分の中で分離せずにいられるのは、水とオイルの仲を取り持っているこの膜のおかげなんですね。
水とオイルのちからを持つ牛乳は、汚れを落としながらしっとりと肌にうるおいを与えることができるため、パックやスクラブ、洗顔などに利用することができます。しっとりした使用感が好みの私は、水の代わりによく牛乳を使っています。
　また牛乳はリラックス効果や美肌効果のある入浴剤としてもおすすめです。牛乳の素朴でどこか懐かしい香りが漂うと、ほっとくつろげるからうれしいですね。牛乳風呂は、うちの猫のたおにも大人気。牛乳を入れる前からバスタブの横でスタンバイして待っています。
牛乳は、脂肪分の高いものから脱脂乳までいろいろなものがありますから、肌のタイプやその日のコンディション、季節などによって試してみましょう。自分がいちばん使いやすいものを選んでください。

Massage 1

フェイスマッサージ

顔の血行やリンパの流れをよくするマッサージは、肌の回復力を助け、シミやシワ、むくみを防ぎます。また、目の疲れにも血行促進のマッサージがおすすめ。

美顔マッサージ
顔の肌力をアップするため、血行とリンパの流れを促進

顔の血流が悪くなると、細胞の生まれ変わる能力が下がり、シミやシワなどの原因になります。またリンパの流れが悪くなると、老廃物がたまり、むくみの原因に。そこで、血行とリンパの流れをスムーズにしてあげましょう。

1

中指と薬指を使って、眉間から生え際に向かって10回さすります。ひたいの中心からこめかみにらせんを描きます。

2

中指を使って、目のまわりを一周させます。目のくぼみにそって、目頭からまぶた、そして目尻、目の下という順番で10回。

3

鼻筋は左右の中指を交互に使って上から下へ。小鼻はふもとから鼻の頂上に向かってなでます。これを10回ずつ。

4

人さし指から薬指を使って、頬を口角の位置からこめかみに向ってらせんを描きながらさすります。

5

下唇の下を右の中指で左の口角から右の口角へ。右の中指では反対に。上唇の上も同様にして10回ずつさすります。

6

あごの先端を右の指先で包み、あごのラインにそって、右の耳のつけ根までなでます。顔を少し斜めにすると行いやすいです。左手でも同様に左の耳のつけ根まで、各10回さすります。

目の疲れ
目のまわりのツボ刺激で疲れや乾きを改善する

パソコンでの作業などデスクワークが増えるほど、目の負担は増えていきます。目を動かし、焦点をあわせるための筋肉を酷使し、血行が悪くなるため、目の疲れを感じるのです。マッサージで血行を回復しましょう。

1

中指を使って、目のまわりを一周させます。目のくぼみにそって、目頭からまぶた、そして目尻、目の下という順番で10回。

2

眉毛の骨の上を、目頭側から目尻側へ向かって、そうように親指を移動させながら押します。親指を両目のくぼみの位置において3秒くらい押します。それを繰り返し5回。

マッサージに使える精油　※オイルバック(20ページ)に1滴加えて、マッサージオイルとして使います。

サンダルウッド
ニキビ肌、乾燥肌に。気持ちを落ち着かせて、精神のバランスを整えます。ゆったりと安らいだ気分になるので、瞑想用にも使われます。

ラベンダー
中枢神経のバランスを整え、血圧を下げる作用があります。細胞の成長を促進して、皮脂バランスを整えますので、日焼けやニキビなどにも。

キャロットシード
乾燥肌、張りのない肌に適したオイル。体内の循環をよくし、血行やリンパの流れを促進します。利尿作用もあります。

カモミール
うるおいを保つ作用があるので、乾燥肌に適しています。また、鎮痛作用もあり、頭痛や偏頭痛にもよいとされています。

パルマローザ
細胞が再生する手助けをします。また、肌にうるおいを与える作用もあるので、スキンケアにぴったりのオイルです。

※精油は使用上の注意を守りましょう(122ページ参照)。

素材のちから

穀類・豆類
cereals

あずき、米ぬか、オートミール、はと麦。これらの素材は、私のレシピの定番です。ミルで粉末にしたものを、ラベンダーやカモミールと混ぜてスクラブとして使うのが、特に私のお気に入りなのです。

使い方は、まず石けんを手で泡立て、そこにスクラブの粉末小さじ1/2くらいを混ぜます。これで洗顔をすると、肌あたりが優しく、スクラブ剤がするすると肌の表面をなめらかにしていってくれるような感じがするのです。もちろんそれ以上に、洗顔とスクラブが一緒のほうが手間がはぶけてラクチン、というなまけものの私ならではの理由もあるのですが。

私が穀物のスクラブを使うのは、たいてい人と会う前です。ふだんは家にいることが多いので、身なりもあまり気にせず、だらんとしていますが、外出するときはいい意味で緊張感が必要。前日の夜になると、キッチンに行って、「肌がくすんでいるからはと麦かあずきにしよう」とか、「乾燥が気になるから米ぬかやオートミールで」というように、肌の状態にあわせて使う素材を選び、バスルームに持ち込みます。

人と会うときは、できるだけよい状態の素肌で会おうと心がけているので、肌を優しく保護しながら汚れを落とす穀物のスクラブはとても役立っています。

スペシャルケア
Special Care

同じ材料でも配合を変えるだけで違うレシピに変身。
手軽でバリエーションの楽しめる組み合わせを、しっとりとさっぱりセットでどうぞ。

(ローズウォーターと
はちみつのしっとりセット)

フェイスワイプ
Face wipe

コットンにひたして肌の汚れを拭き取るフェイスワイプ。乾燥がひどくて石けんで顔を洗えないとき、顔の汚れを軽く取り除きたいときなどにおすすめです。

フェイスパック
Face pack

保湿効果のあるはちみつが水分を失った肌をしっかりガード。バラの香りに包まれてゆったりパックをしたあとは、肌がイキイキと元気になっています。

化粧水
Lotion

私はローズウォーターをそのまま肌に使うのが好きですが、そのままだと肌がつっぱることがあります。水分を引きつけるはちみつを少しだけ加えると、しっとり感がぐんとアップ。

―― ローズウォーターとはちみつの しっとりセット ――

ローズの華やかな 香りに包み込まれる 贅沢セット

フェイスワイプやフェイスパックは、ローズウォーターの代わりに、カモミールなど香りのよいハーブティを使うこともできます。はちみつの割合も好みで調節可。

ローズウォーター

バラの精油を採取するときにできる香りの成分を含んだ水。バラの芳香蒸留水といわれる。精製水にローズ精油を混ぜたものもローズウォーターとして売られているが、化粧水には前者の芳香蒸留水を選んで。

フェイスワイプ
Face wipe

材料（1回分）
ローズウォーター　大さじ1
はちみつ　小さじ1/4

作り方
1 ローズウォーターとはちみつを混ぜる。

使い方
コットンにひたして顔を拭く。あごの下、首、耳の後ろなど見えないところも忘れずに。拭き終わったあとは、ぬるま湯で洗い流す。

化粧水
Face steam

材料（200mℓ分）
ローズウォーター　1カップ
はちみつ　小さじ1/2

作り方
1 ビーカーにローズウォーターを入れ、はちみつを加えてよく混ぜる。

保存
消毒した容器に入れ、冷蔵保存。よく振ってから使う。2週間を目安に使い切る。

Face Care
フェイスケア

フェイスパック
Face pack

材料（1回分）
ローズウォーター
　小さじ1
はちみつ　大さじ1

作り方
1 ローズウォーターとはちみつを混ぜる。

使い方
パック用シートを1にひたし、顔につける。10分おいたら、ぬるま湯で洗い流す。

パック用シート

顔全体を覆う形のパックシート。吸水性が非常によく、化粧水や美容液を含ませて使う。10～15枚入りで300円くらいから。薬局や自然化粧品店、東急ハンズなどの百貨店で。

column 1
毎日きれいに汚れを落とし、保湿は十分に！

肌の表面は皮脂と体内の水分が混ざり合った乳液状のものでコーティングされ、汚れやほこりがつきやすい状態でもあります。肌のためには、メイクなどの汚れをきれいに取り除くことが大切です。しかし、必要以上に水分や皮脂を奪ってしまうと乾燥してしまいます。洗顔後は化粧水ですぐに保湿しましょう。
また、入浴のあとも肌は乾燥しやすいので、洗顔後と同様に肌が湿っている間にすばやく保湿をすることが大切です。

(オートミールと
ヨーグルトのしっとりセット)

Face Care
フェイスケア

フェイスウォッシュ
Face wash

オートミールとヨーグルトのうるおい成分が溶け込んだフェイスウォッシュは、肌に負担をかけずに、乾燥した肌をしっとりと守ります。

フェイスパック
Face pack

ひんやりしたヨーグルトのフェイスパックを使うと、肌がきゅっとひきしまり、カサついた肌がしっとりやわらかくなる感じがします。

フェイススクラブ
Face scrub

ヨーグルトの栄養分を吸い込んだオートミールで、肌を保護しながら優しくスクラブ。ぬるま湯でスクラブを洗い流すと、ツヤツヤした元気な肌が顔をだします。

オートミールと
ヨーグルトのしっとりセット

ひんやりヨーグルトが心地よい。お風呂あがりに

オートミールの代わりに
米ぬかを代用することができます。
オートミールや米ぬかが肌にあわない人は、
はと麦を粉末にしたものを
使ってもよいでしょう。

オートミール

一般的に売られているのは、オートミールを乾燥させて砕いたもの。スクラブ効果があるため、パックや洗顔料に入れると、肌の老廃物を取り除いてくれる。

フェイスウォッシュ
Face wash

材料（1回分）
オートミール
　大さじ2
ヨーグルト
　大さじ1
ぬるま湯
　洗面器1杯（約2ℓ）

作り方
1 オートミールはガーゼかお茶用のペーパーバッグなどに入れる。
2 ぬるま湯を入れた洗面器に、1のオートミールを入れ、エキスを揉みだす。
3 ヨーグルトを加えて混ぜる。

使い方
そのまま洗顔に使う。

Face Care
フェイスケア

フェイスパック
Face pack

材料（1回分）
オートミール
　大さじ1
ヨーグルト
　大さじ2

作り方
1 オートミールはミルで粉末にする。
2 ヨーグルトと合わせ、ペースト状にする。

使い方
肌にたっぷりとパックをぬる。10分おいたら、ぬるま湯で洗い流す。

フェイススクラブ
Face scrub

材料（1回分）
オートミール　大さじ1
ヨーグルト　小さじ1

作り方
1 オートミールはミルで粉末にする。
2 ヨーグルトと合わせ、ペースト状にする。
3 オートミールがやわらかくなるまで、3分程おいておく。

使い方
ぬらした肌に直接スクラブする。洗い流す。

Arrange 1
もっとしっとりする化粧品が欲しいと思ったら

肌の乾燥がひどく、目や口のまわりがカサカサしてしまっているときには、パックにほんの2、3滴オリーブオイルをたらしてみてください。油分が肌をコーティングして、パックを洗い流したあとは、肌がよりしっとりします。
またパックに粉末のミルクを加えたり、ヨーグルトの代わりに生クリームを使ったり、油分が多いものを補給したり代用するとよりしっとりしたレシピになります。

アロエとワインのさっぱりセット

フェイスワイプ
Face wipe

殺菌作用のある白ワインで肌の汚れを拭き取りながら、アロエでうるおいを補給。オイリー肌や夏の汗ばむ季節におすすめしたい組み合わせです。

フェイスパック
Face pack

肌はしっとりさせたいけれど、オイルのベタつきは苦手という方に。さっぱりさらりとした使用感で、肌をひきしめ水分を補給します。

化粧水
Lotion

オイリー肌にうれしいさっぱりタイプの化粧水。白ワインには殺菌作用、アロエには炎症を抑える作用があるため、毛穴のトラブルが多い肌にもおすすめです。日本酒で代用可。

Face Care
フェイスケア

アロエとワインの
さっぱりセット

薬効の高い
アロエのちからで
お肌はツルツル

白ワインがなければ日本酒を
使うこともできます。
アルコールが苦手な人は
一度沸騰させて飛ばしてください。
日持ちがしないので早めに使うこと。

アロエベラ

アロエベラはアロエの1品種で、薬効が他品種よりすぐれ、アロエの王様といわれている。このレシピで使うのは、アロエベラの果肉の部分。購入は自然食品店で。

*

準備:レシピをつくり始める前に、アロエベラの果肉50gをまとめてミキサーにかけて、液体状にしておく。

フェイスワイプ
Face wipe

材料(1回分)
アロエベラ
(果肉をミキサーにかけたもの)　小さじ1
白ワイン　大さじ1

作り方
1 アロエベラと白ワインを混ぜる。

使い方
コットンにひたして顔を拭く。あごの下、首、耳の後ろなど見えないところも忘れずに。拭き終わったあとは、顔をぬるま湯で洗い流す。

フェイスパック
Face pack

材料(1回分)
アロエベラ
(果肉をミキサーにかけたもの)　大さじ1
白ワイン　小さじ1

作り方
1 アロエベラと白ワインを混ぜる。

使い方
パック用シートを1にひたし、顔につける。10分おいたら、ぬるま湯で洗い流す。

Face Care
フェイスケア

化粧水
Lotion

材料（200mℓ分）
アロエベラ
　（果肉をミキサーにかけたもの）　大さじ3
白ワイン　大さじ1
精製水　140mℓ

作り方
1 アロエベラは茶こしで果肉をこす。
2 軽量カップに精製水を入れ、1のアロエベラと白ワインを加える。

保存
消毒した容器に入れ、冷蔵保存。よく振ってから使う。2週間を目安に使い切る。

---

column 2
生活習慣の見直しがピカピカお肌への近道

いくらよい化粧水や美容液などを使っていても、食生活が乱れていたり、ストレスフルな毎日を送れば、肌トラブルにつながります。肌のために生活を見直してみて。肌のハリを保つには、まず食事。緑黄色野菜や海藻などでビタミンやミネラルを積極的にとることが大切です。

また、夜に行われる肌の再生活動を妨げないように、ストレスをリセットしてから十分な睡眠をとること。ゆっくりお風呂に入るなどリラックスする時間がストレスをやわらげてくれます。

〔クレイと抹茶のさっぱりセット〕

フェイスパック
Face pack

抹茶を使ったパックをつくると、鮮やかなグリーンがいかにも効きそうという感じがします。肌がくすんできたなと思ったら、ぜひお試しを。

Face Care
フェイスケア

フェイスウォッシュ
Face wash

顔を近づけると抹茶の香りが漂うフェイスウォッシュ。老廃物を取り除くクレイを使って、肌をツルツルに洗いましょう。

フェイススクラブ
Face scrub

ぬらした肌に直接つけてポロポロと汚れを落とすパウダースクラブ。スクラブというよりマッサージに近い、なめらかな使い心地です。

{ クレイと抹茶の さっぱりセット }

抹茶のほのかな香りとグリーンでくつろぎ気分

クレイはいろいろな種類があります。ここで使っているモンモリナイトのほかにカオリンやガスールなど種類によって使い心地が違うので、季節や肌の調子で使い分けるのもいいかも。

クレイ

スキンケア用の粉末状ねんど。さまざまな種類があるが、ここでは汚れの吸着力に優れるモンモリナイトがおすすめ。購入は、自然化粧品店や大手百貨店で。

フェイスパック
Face pack

材料（1回分）
クレイ　小さじ1
抹茶　小さじ1/2
精製水　小さじ1と1/2

作り方
1 クレイと抹茶を混ぜたら、精製水を加えてペースト状にする。

使い方
肌にたっぷりとパックをぬる。10分おいたら、ぬるま湯で洗い流す。

抹茶

抹茶にはビタミンCやEが豊富に含まれ、メラニン色素を分解して肌の細胞を活性化させる働きがあるといわれる。緑茶をフードプロセッサーなどで粉末にしたものでも代用可。

Face Care
フェイスケア

フェイスウォッシュ
Face wash

材料（1回分）
クレイ　大さじ1
抹茶　小さじ1/4
ぬるま湯　洗面器1杯（約2ℓ）

作り方
1 ぬるま湯を入れた洗面器に、クレイと抹茶を加える。

使い方
そのまま洗顔に使う。

フェイススクラブ
Face steam

材料（1回分）
クレイ　小さじ1
抹茶　小さじ1/4

作り方
1 クレイと抹茶を混ぜる。

使い方
ぬらした肌に直接パウダーをつけて、マッサージするようにこする。ぬるま湯で洗い流す。

Arrange 2

もっと、さっぱりめの化粧品が欲しいと思ったら

レシピをもっとさっぱりしたものにアレンジしたい場合は、化粧水の白ワインをウォッカに代えるとよいでしょう。
また、白ワインやウォッカにハーブを漬け込んでおいたものを使えば、ハーブのエキス入り化粧水をつくることができます。漬け込みの仕方は、75ページのすぎなの漬け込み方を参考に、白ワインやウォッカに好みのハーブを漬け込んでください。

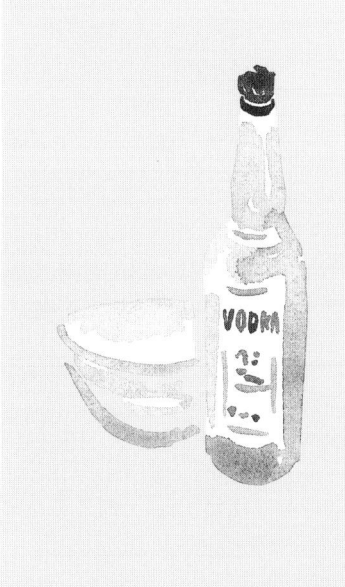

PART ②

ボディ
ケア

見えない部分のケアは、意外に怠りがち。
休日はスクラブやパックを手づくりして楽しんで。
ほんのひと手間で、ピカピカボディに生まれ変わります。

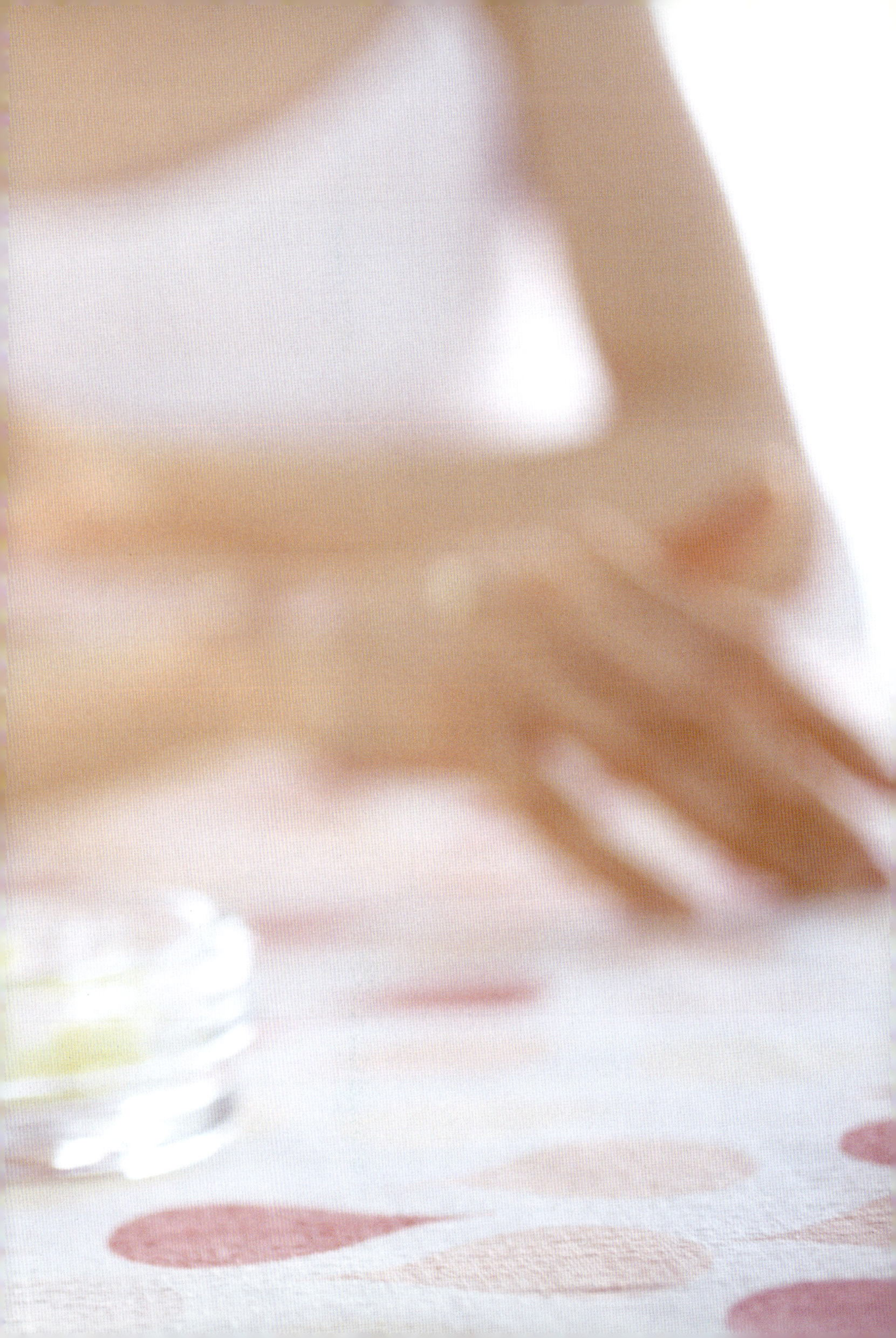

1週間に一度の ボディケア 贅沢で幸せな 気分にひたれます

朝起きて鏡で顔を見て、その日の肌の調子をチェック。だけどちょっと待って。鏡には映らないけれど、体のあちこちがトラブルサインをだしていることありませんか。硬いかかと、カサカサかゆい背中、荒れた手…実は見えないところほど、ケアが必要なこともあるのです。毎日お手入れするのは大変だけど、1週間や10日に一度くらい、部分ケアで体のお手入れをしてみてはいかがでしょう。週末にゆったりとした時間を見つけ、足をマッサージしたり、ミネラルたっぷりのパックをぬる。見えない部分をていねいにケアすると、ものすごく贅沢で幸せな気分になるから不思議です。おうちにいながらエステ気分を堪能できて、心もすっかりリラックス。足の先から髪の先までピカピカになったら、今度は早く誰かに会いたくて待ち切れなくなるかも。

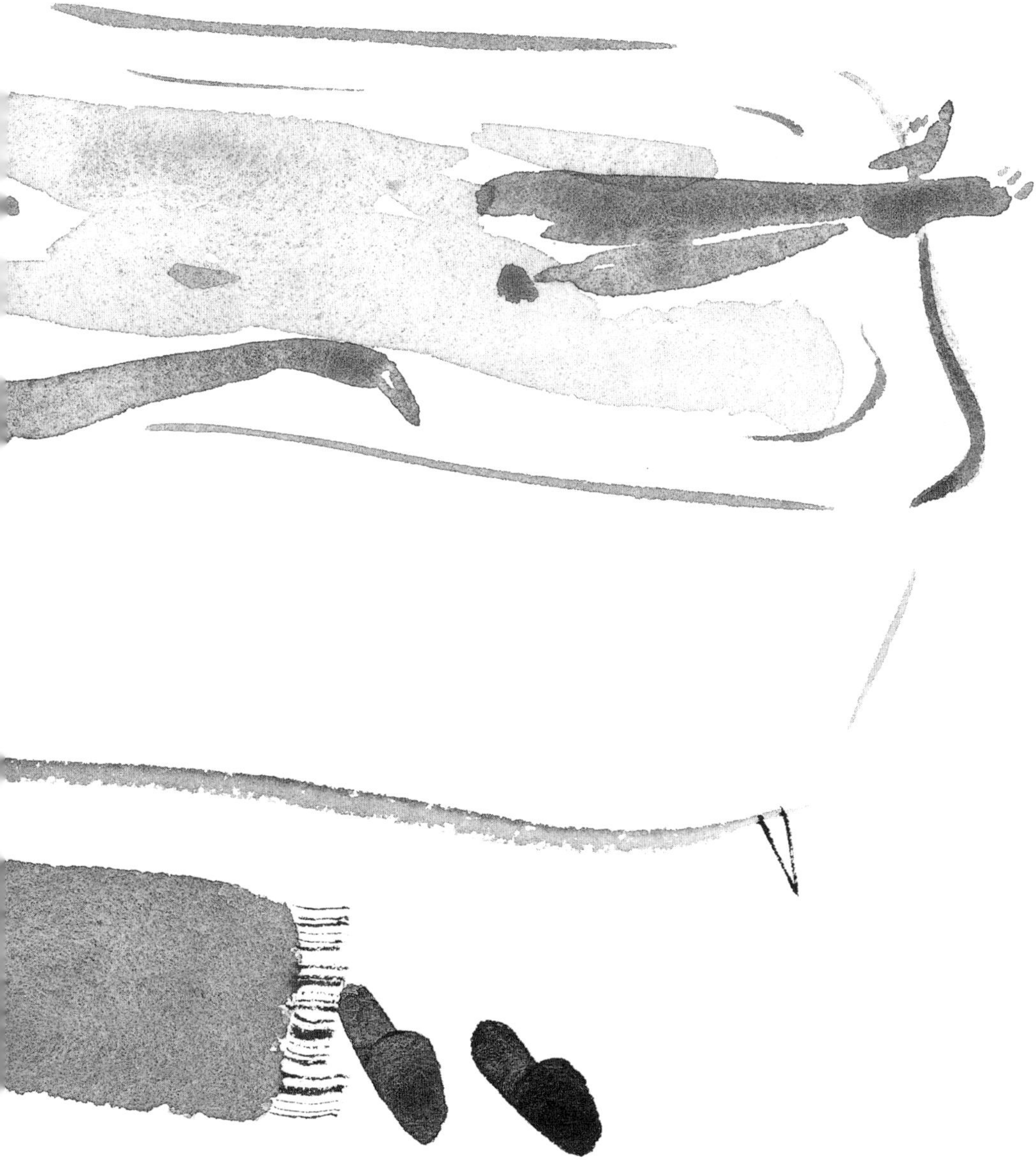

フットケア
Foot Care

ヒールや革ぐつの毎日でトラブルに悩むことの多い足まわりをケアしてあげましょう。マッサージには特別に調合したオイルを試してみて。

(かかとの角質・解消メニュー)

フットスクラブ
Foot scrub

フットパックで角質がやわらかくなったら、ベーキングソーダの細かい粒子で優しく角質を取り除きます。オリーブオイルの油分が肌を保護するので、スクラブのあとはしっとりやわらかに。

フットパック
Foot pack

硬くなったかかとはひび割れの原因にもなります。きれいなかかとになるために、まずはヨーグルトを使って、硬い角質をやわらかくしておきましょう。

Body Care
ボディケア

> かかとの角質・
> 解消メニュー

硬くなった
かかとの角質を
やわらかく

フットパックで角質をやわらかくしてから、
スクラブですべすべに。
強めのスクラブが好みなら、
ベーキングソーダの代わりに
塩や砂糖を使って。

フットスクラブ
Foot scrub

材料（1回分）
ベーキングソーダ　大さじ1
オリーブオイル　大さじ1

作り方
1 ベーキングソーダとオリーブオイルを混ぜる。

使い方
片足にスクラブ半量を使う。かかとの硬い部分をていねいにスクラブする。強くこすりすぎないよう注意。余分なオイル分をティッシュで拭き取り、ぬるま湯で洗い流す。すべりやすいので、必ず座って行うこと。

ベーキングソーダ

お菓子づくりなどに使われ、重曹ともいう。ベーキングパウダーとは違うので注意を。皮脂や汚れを除去する働きがあるので、入浴剤にもよく使われる。スーパーや食料品店、薬局で。

Body Care
ボディケア

フットパック
Foot pack

材料（1回分）
ヨーグルト　大さじ2
コーンスターチ　大さじ1

作り方
1 ヨーグルトとコーンスターチを混ぜる。

使い方
片足にパック半量を使う。ラップの上に足を乗せ、かかとや足の裏にたっぷりパックをぬり、ラップで足を包む。10分おいたら、ぬるま湯で洗い流す。すべりやすいので、必ず座って行うこと。

コーンスターチ

とうもろこしのでんぷん。料理のとろみづけによく使われる。化粧品に使うと、なめらかな肌触りの仕上がりに。吸着力にも優れているので、ボディパウダーにも使われる。

---

column 3

角質落としに
ゴシゴシ洗いは禁物

かかとやひじ、ひざなどが硬くなってゴワついてしまうのは、摩擦や圧力を受けてしまうから。かかとの場合は歩くことや立っていることで、つねに摩擦や圧力を受けています。そこで、ゴワつきの原因、はがれずに残っている古い角質をきれいに取り除いてあげましょう。

しかし、角質除去のためにゴシゴシ洗って、肌に刺激を与え過ぎると逆効果。より硬くなりやすい肌になってしまいます。フットスクラブで優しく角質を取り除いたら、フットパックでたっぷり保湿をしましょう。

足の疲れ・解消メニュー

フットバス
Foot bath

立ちっぱなしや歩きすぎで疲れてくると足はむくんでしまいます。キッチンハーブの中でも体を温める効果が抜群のタイムで足の血行をよくしてむくみを改善。

マッサージオイル
Massage oil

フットバスで足が楽になったら、次は足の疲れやむくみを癒すユーカリ精油でマッサージ。これで足にたまった疲れも解消されて、ぐっすり眠れそうです。

Body Care
ボディケア

足の疲れ・
解消メニュー

立ちっぱなしや歩きすぎでむくんだ足に

フットバスに入るときは、冷えないようにひざにバスタオルをかけておくとよいでしょう。温まったらマッサージで疲れをやわらげて。

タイム

料理でもおなじみのハーブ。強い殺菌・防腐作用があり、フットパウダーやボディパウダーに使われる。お茶や料理で飲用すると、食あたりや風邪の症状をやわらげるといわれる。

フットバス
Foot bath

材料（1回分）
やや熱めの湯(40度くらい)　バケツ1杯
タイム（ドライハーブ）　5g

作り方
1 タイムはガーゼか、お茶用のペーパーバッグに入れる。
2 湯を入れたバケツにタイムを入れ、エキスがでるまで1〜2分おいておく。

使い方
湯に両足を入れ、15〜20分くらい温める。湯が冷めてしまったら、熱めの湯をそそぎ足す。

マッサージオイル
Massage oil

材料（1回分）
グレープシードオイル　小さじ1
ユーカリ精油　1滴

作り方
1 グレープシードオイルにユーカリ精油を加え、よく混ぜる。

使い方
足に直接ぬり、マッサージする。
※フットマッサージに使える精油（67ページ）を参考に自分でブレンドしてみましょう。

---

column 4
不調に効く！足ツボマッサージのすすめ

足の裏には、体の各部位に対応した反射帯があります。マッサージをして、痛みやこりを感じたら、その場所に対応する体の部位に不調があるということです。
逆に自分の体で不調を感じるところがあれば、それに対応した場所を入念にマッサージしましょう。腸はかかとの少し上、胃は土ふまずのところ、目や首は指のつけ根に反射帯があります。マッサージは、足の指から全体に揉みほぐし、かかとや足の甲も。

足の蒸れ・解消メニュー

フットスプレー
Foot spray

汗を吸収するクレイと、足を蒸れにくくするウォッカを加えたフットスプレー。フットバスのあとや、汗をかいた足に吹きかけて、足を清潔に保ちましょう。

フットバス
Foot bath

靴をずっと履いていると汗のにおいがつきやすくなります。足についたにおいは、ペパーミントのさわやかな香りで取り除きましょう。さらにペパーミントの殺菌効果で足を清潔に。

Body Care
ボディケア

足の蒸れ・
解消メニュー

足をすっきり、清潔に保ちます。香りさわやか

フットバスは
外出から帰ってきたとき、
フットスプレーは
おでかけ前におすすめ。
どちらも足がすっきりします。

フットスプレー
Foot spray

材料（100mℓ分）
精製水　50mℓ
ウォッカ　50mℓ
クレイ　小さじ1/2

作り方
1 ビーカーに精製水、ウォッカ、クレイを加え、よく混ぜる。

使い方
使う前に容器をよく振る。スプレー容器に入れ、直接、足に吹きかける。

保存
消毒したスプレー容器に入れ、常温で保存。2週間以内に使い切る。

精製水
コンタクトレンズの洗浄に使われることでおなじみの不純物を取り除いた水。精製水は、薬局で手に入る。化粧品の鮮度を保つためにも、精製水を使って。

Body Care
ボディケア

フットバス
Foot bath

材料（1回分）
やや熱めの湯（40度くらい）　バケツ1杯
ペパーミント（ドライハーブ）　5g

作り方
1. ペパーミントはガーゼか、お茶用のペーパーバッグに入れる。
2. 湯を入れたバケツにペパーミントを入れ、エキスがでるまで1～2分おいておく。

※ペパーミントは乾燥したものを使うが、生の葉を使う場合は、分量を2倍の10gにすること。

使い方
湯に両足を入れ、15～20分くらい温める。

お茶パック

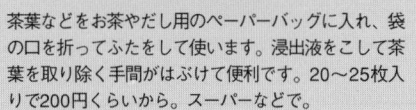

茶葉などをお茶やだし用のペーパーバッグに入れ、袋の口を折ってふたをして使います。浸出液をこして茶葉を取り除く手間がはぶけて便利です。20～25枚入りで200円くらいから。スーパーなどで。

---

column 5

毎日のお手入れを怠らずに…

足の裏と手のひらは汗腺が密集していて、汗をかきやすいところ。汗からにおいがするのではなく、汗に含まれる成分や皮脂に細菌が繁殖して分解し、においが発生するのです。

においを防ぐためには、足が蒸れないようにするのが大切。足はよく洗って、清潔に。特に指の間は入念に洗いましょう。爪はきちんと切っておきます。靴は通気性のいいものを選び、ときどき干すことをおすすめします。出先でにおいが気になったときのために、フットスプレーを持ち歩くとよいでしょう。

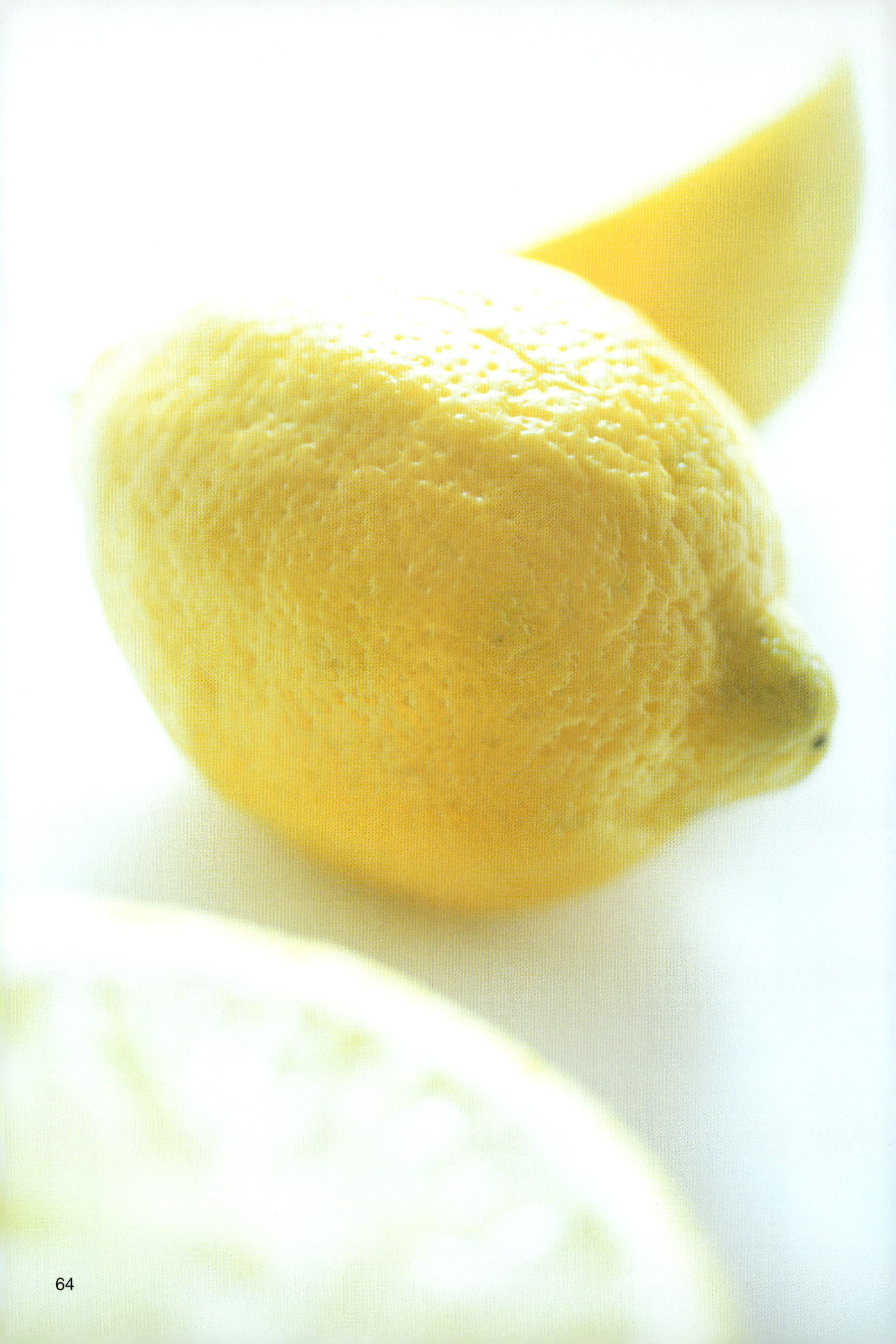

素 材 の ち か ら

柑橘類
citrus fruits

甘酸っぱい香りに誘われて、レシピをつくりながら思わずかじりつきたくなってしまうのが柑橘類です。レモンを代表とする柑橘類は、大きく分けてふたつの部分を使います。ひとつは果汁。酸味のある柑橘類の果汁は、肌や髪を弱酸性に保つ手助けをするために、化粧水やヘアリンスに入れることができます。また、私は手のくすみが気になるときに、ハンドスクラブやパックに少し加えたりもします。もうひとつ柑橘系の果物で使うのは、皮を圧搾して抽出した精油です。精油は植物から採れた芳香エッセンス。レモン、スイートオレンジ、グレープフルーツなど、精油によって香りも違えば、使用目的も違ってきます。たとえばスイートオレンジは甘くて優しい香り。心を落ち着かせる作用があるので、安眠をうながす精油といわれています。グレープフルーツは、シャキッとさわやかな香り。むくみにも効果があるので、マッサージオイルによく使います。
ベルガモットの精油は、他の精油とブレンドして使うことが多いです。柑橘系の精油らしく、どの精油とも相性がよく、単独で使うよりなじみやすい香りになるような気がします。
精油を買うのは知識がいるし、値段も高い…と敬遠している方もいるかもしれません。でも柑橘系の精油は香りも親しみやすく、値段も比較的手頃。興味のある方は、アロマショップでサンプルの香りをかいでみてはいかがでしょう。
＊精油の取り扱いについては122ページを参照してください。

Massage 2

フットマッサージ

運動不足になっていたり、筋肉が固まっていると、下半身にリンパ液が滞り、足のむくみや疲れがとれにくくなります。リンパの流れをよくしましょう。

足のむくみ
ふくらはぎを中心に むくみ改善マッサージ

筋肉のちからが弱まっていると、上半身から下りてきた血液やリンパ液を押し返すことができなくなり、むくみます。足ツボを刺激してから、血液やリンパ液の流れをよくするマッサージをして、むくみを改善しましょう。

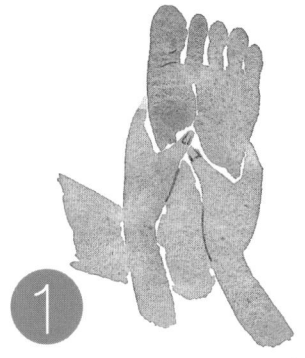

1
足裏と足の甲を親指ですべらすように押します。自分の指で老廃物の滞りを感じたら、そこを重点的にマッサージします。

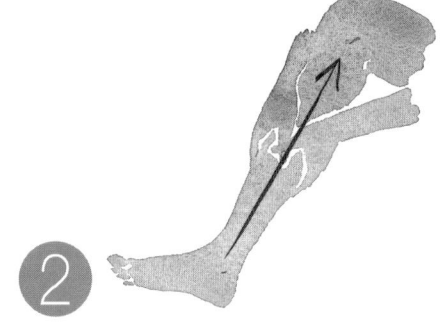

2
両手で足を包むようにし、親指どうしを足の外側で重ねます。親指で足の側面を押しながら足首からひざ下に向かってマッサージ。両足5回ずつ。

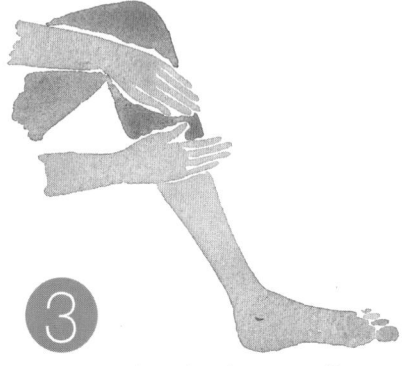

3
足首から、ひざ、ひざから内もものつけ根まで、足の内側を両手の手のひらを交互に使って、さすりあげます。両足5回ずつ。すねやふくらぎに硬い部分があれば、そこも同じように。

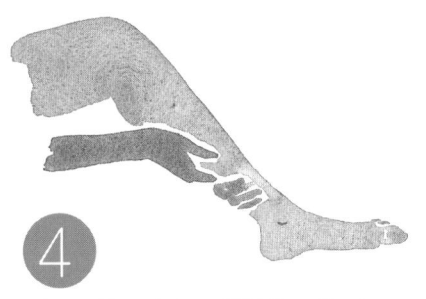

4
ふくらはぎを下から上に、親指とほかの指ではさんで両手でもみます。片手で上からすねを、片手で下からふくらはぎを包み、足首からひざに向かってさすります。両足10回ずつ。

足やせ
筋肉をほぐし、脂肪を燃焼しやすくする

血行が悪くなりやすく、むくみやすい足は、そのままにしておくと固まってしまいます。固まってしまうと脂肪が燃えにくくなるので、足やせしやすいようにマッサージでほぐします。

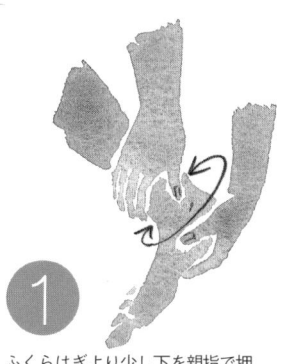

1 ふくらはぎより少し下を親指で押さえながら、足首をつかんで回します。片足10回ずつ。

2 両手で足をはさみ、足首からひざまでさするように片足ずつ10回マッサージ。同じようにらせんを描きながら足首からひざまで、片足10回ずつ。

3 あぐらをかくような状態で、両手で足を持ち、前後にねじるように交互に動かします。足首からふくらはぎ、ひざまで移動しながら全体をもみほぐします。片足5回ずつ。

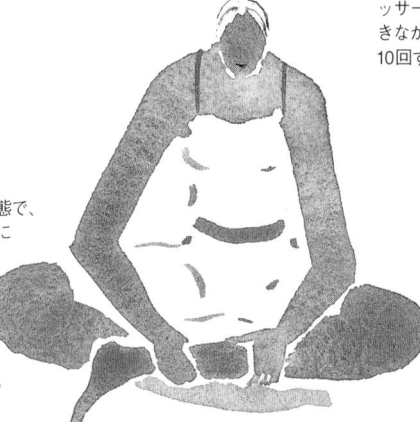

マッサージに使える精油
※マッサージオイル（59ページ）の精油は変更できます。分量は1滴です。

ジュニパーベリー
ひきしめ作用があり、ニキビや湿疹などを改善します。利尿作用があるので、むくみやセルライトの解消にも適しています。

サイプレス
リンパ液の流れをよくするため、むくみやセルライトの改善に適しています。また、ホルモンバランスを整える働きもあります。

ゼラニウム
肌の皮脂のバランスを整えてくれるとともに、ひきしめ作用もあります。どんな肌質にも使えるオールマイティなオイル。

ユーカリ
頭をすっきりとさせ、集中力を高めます。殺菌力があり、風邪をひいたときなどの、のどの痛みや鼻づまりに効果的。

ローズマリー
ひきしめ効果があり、たるんだ肌やセルライトのある肌に有効に働きます。筋肉の緊張をほぐすので、スポーツ後のマッサージにも。

ラベンダー
中枢神経のバランスを整え、血圧を下げる作用があります。細胞の成長を促進して、皮脂バランスを整えるので、日焼けやニキビなどに。

グレープフルーツ
オイリー肌に適したオイル。また、リンパ液や水分の滞りを改善するので、むくみのある肌に。気持ちをリフレッシュさせる作用も。

※精油は使用上の注意を守りましょう（122ページ参照）。

ボディケア
Body Care

お風呂でゆっくりボディのお手入れをしましょう。
お手軽タラソセラピーメニューつきで紹介します。みずみずしい肌がよみがえります。

肌のくすみ・解消メニュー

入浴剤
Bath wine

肌がくすんで疲れて見えるのは顔だけではありません。体中をイキイキ元気に再生するために、たっぷり汗をかいて体の老廃物を外へだしましょう。

ボディスクラブ
Body scrub

お風呂に入って代謝がよくなったら、次はスクラブで肌をピカピカにみがきます。日本で昔から洗い粉として使われてきたあずきの粉末を使って、体の古い角質を取り除きます。

ボディパック
Body pack

最後のメニューはタラソセラピー。体全身をミネラル豊富な海草で包み込む贅沢なボディパックです。たっぷりぬって目をつぶると、リゾートスパにいる気分になれるかも。

Body Care
ボディケア

肌のくすみ・解消メニュー
くすんだ肌、疲れて見える肌に。全身を元気に再生

さらしあんが肌の汚れを優しく、でもしっかり落とします。昆布のミネラルパックで肌に栄養やうるおいを与えましょう。

入浴剤
Bath wine

材料（1回分）
日本酒　2カップ
クレイ　大さじ3

使い方
日本酒とクレイをそのままお風呂に入れる。ぬるめの湯に半身浴で30分くらい、ゆっくりつかる。

ボディスクラブ
Body scrub

材料（1回分）
さらしあん　大さじ5
牛乳　大さじ5

作り方
1 さらしあんと牛乳を混ぜる。
※分量は全身用。部分的に使う場合は好みで分量を減らす。乾燥肌の人は、牛乳の代わりに生クリームを使ってもOK。

使い方
ぬらした肌にマッサージするようにスクラブする。ぬるま湯で洗い流す。

さらしあん

さらしあんは、あんをつくるためのあずきを粉末状に加工したもの。洗浄力が高く、肌がおどろくほどきれいになる。洗いあがりはさっぱりめ。購入は大手スーパーや自然食品店で。

ボディパック
Body pack

材料（1回分）
牛乳　大さじ5
粉末昆布　大さじ3
はちみつ　大さじ1

作り方
1 牛乳、粉末昆布、はちみつをよく混ぜて、ペースト状にする。

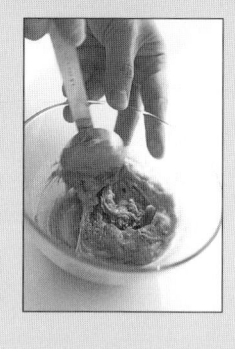

使い方
体にたっぷりぬる。10分おいたら、ぬるま湯で洗い流す。
※分量は全身用。部分的に使う場合は好みで分量を減らす。敏感肌の人は、ボディパックの粉末昆布の分量を減らしたり、パックの時間を短くして。

粉末昆布

新陳代謝を高め、肌によいミネラルが豊富な昆布なら、最も手軽にタラソセラピーが楽しめる。昆布100％の粉末を使うこと。乾燥昆布をフードプロセッサーで粉末にしてもよい。

Column 6
日焼けには、水分補給がいちばんのお手入れ

紫外線を浴びると肌を守るために、メラノサイト（メラニン色素生成細胞）がメラニン色素を生成し、皮膚の表面が色素で覆われます。このとき、肌に保湿力がないと、メラニン色素がうまく分散されないため、一部に沈着してシミになります。若いときの日焼けあとがシミに残りにくく、年を重ねるとシミになりやすくなるのはこのためです。
紫外線を浴びないのがいちばんですが、もし日焼けをしてしまったら、とにかくたっぷりと水分補給をすることを心がけて。

肌のカサカサ・解消メニュー

ボディスクラブ
Body scrub

アメリカのアパートは暖房が強く、冬はかゆみをともなうくらいカサカサに乾燥します。油分を含む米ぬかと肌をツルツルにする日本酒を使って、まずは肌をなめらかにマッサージスクラブしましょう。

ボディクリーム
Body cream

お手入れの最後はオイルベースのクリームを肌にぬって、外気の乾燥から肌をしっかりガード。オリーブオイルとみつろうだけのシンプルクリームは、誰にでもすぐつくれる、かんたんなレシピです。

Body Care
ボディケア

ボディスプラッシュ
Body splash

油分を補う前に、肌にたっぷりと水分補給。乾燥した肌にも優しく使えるのが、すぎなをワインに漬け込んだボディスプラッシュ。バシャバシャとたっぷり全身に吹きかけて。

> 肌のカサカサ・
> 解消メニュー

カサつきが
気になる肌、冬の
乾燥した肌に

スプラッシュは
体への水分の補給に。
クリームは油分の補給に。
季節で使い分けても
いいアイテムです。

ボディスクラブ
Body scrub

材料（1回分）
米ぬか　大さじ5
日本酒　大さじ5

作り方
1 米ぬかと日本酒を混ぜる。

使い方
ぬらした肌にマッサージするようにスクラブする。ぬるま湯で洗い流す。

ボディクリーム
Body cream

材料（50g分）
オリーブオイル　45g
みつろう　5g

作り方
1 耐熱容器にオリーブオイルとみつろうを入れ、湯煎する。
2 みつろうが溶けたら、火からおろす。クリーム容器に入れ、そのままおいて固める。

※ボディクリームのオイルは、オリーブオイルでなくてもOK。家にある植物油を使ったり、アロマショップなどで入手できるアボカドオイルなどを配合しても。

保存
高温多湿を避け保存。半年を目安に使い切る。

Body Care
ボディケア

ボディスプラッシュ
Body splash

材料（200mℓ分）
精製水　180mℓ
すぎなを漬け込んだ白ワイン　20mℓ

作り方
1 ビーカーに精製水を入れ、すぎなを漬け込んだ白ワインを加え、よく混ぜる。

使い方
スプレー容器に入れ、体にたっぷり吹きかける。

保存
消毒した容器に入れ、冷蔵保存。よく振ってから使う。2週間を目安に使い切る。

すぎな

ホーステールとも呼ばれる。肌をなめらかにしたり、あせもや湿疹などにも効果があるといわれている。健康茶やハーブティとして売られていることも。自然食品店で。

*

すぎなの漬け込み方
広口瓶に白ワイン1カップと乾燥すぎな5gを入れる。毎日数回、容器を振り、2週間したらすぎなを取り除く。できあがったワインは冷暗所で保存。1年を目安に使い切る。

Arrange3
すぎなの漬け込み液の活用法

すぎなの漬け込み液はまとめてつくりおきをすることができます。分量は倍くらいがよいでしょう。化粧水に使ったり、そのまま健康酒として飲むことができます。ちょっと苦いですが、疲労回復に効果があるといわれています。入浴剤としてお風呂に入れることもできます。入浴剤にする場合は、2カップくらいをお風呂に入れるとよいでしょう。

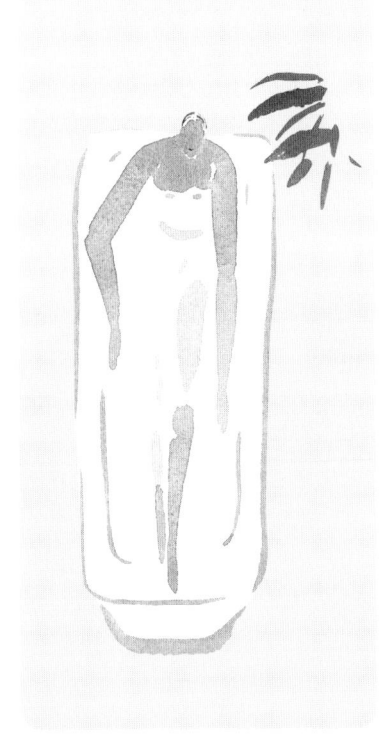

肌のたるみ・解消メニュー

ボディスクラブ
Bodu scrub

手入れをしてない肌は、なんとなく元気がありません。砂糖を使った優しいスクラブで肌に心地よい刺激を与えましょう。たるみが気になる肌、ハリのない肌を健康的に。

ボディパック
Body pack

収れん作用のあるお茶を使った全身パック。お茶にはタンニンが豊富に含まれているので、毛穴をひきしめ、みずみずしい肌にしてくれます。

ボディマッサージオイル
Body massage oil

最近なんとなくたるんできたなと思ったらボディマッサージをしましょう。代謝をよくするグレープフルーツの精油を使って、気になる部分をトーニング。

Body Care
ボディケア

肌のたるみ・解消メニュー
たるみが気になる肌、はりのない肌を健康的に

ボディスクラブをする前に、肌を必ずぬらしておいてください。砂糖のザラザラが心地よい刺激を与えながら溶けていく間に、肌のはりがよみがえります。

ボディスクラブ
Body scrub

材料（1回分）
オートミール　大さじ2
グレープシードオイル　大さじ3
砂糖　大さじ1

作り方
1 オートミールはミルで粉末にしておく。
2 グレープシードオイルに砂糖と1を加え、混ぜる。

使い方
ぬらした肌に優しくマッサージするようにスクラブする。ティッシュで余分な油分を拭き取り、ぬるま湯で洗い流す。

ボディパック
Body pack

材料（1回分）
精製水　100mℓ
抹茶　小さじ1/4
コーンスターチ　小さじ2

作り方
1 耐熱容器に精製水を入れ、抹茶とコーンスターチを加え混ぜる。鍋を火にかけ、湯煎する。
2 コーンスターチにとろみがつき始めたら、火からおろす。
3 粗熱を取り、冷蔵庫で冷やす。

使い方
体にたっぷりぬる。10分おいたら、ぬるま湯で洗い流す。
※分量は全身用。部分的に使う場合は好みで分量を減らす。

Body Care
ボディケア

ボディマッサージオイル
Body massage oil

材料（1回分）
グレープシードオイル　大さじ1
グレープフルーツ精油　3滴

作り方
1 グレープシードオイルにグレープフルーツ精油を加え、よく混ぜる。

使い方
おしりやおなか、ももなどに直接ぬり、マッサージする。
※ボディマッサージに使える精油（83ページ）を参考に自分でブレンドしてみましょう。

Arrange 4
同じ役割の素材に代えてバリエレシピを楽しんで

ボディスクラブやボディパックは、両腕、両足、体で大さじ5杯程度を目安につくってあります。たとえば、両腕だけに使いたい場合などは、レシピの分量を大さじ2杯くらいに減らしてつくってください。

また、似た役割をする素材を代用してアレンジを楽しむことができます。米ぬかはオートミール、日本酒は白ワイン、クレイはさらしあんと、色や使い心地の違うレシピを試してみては。

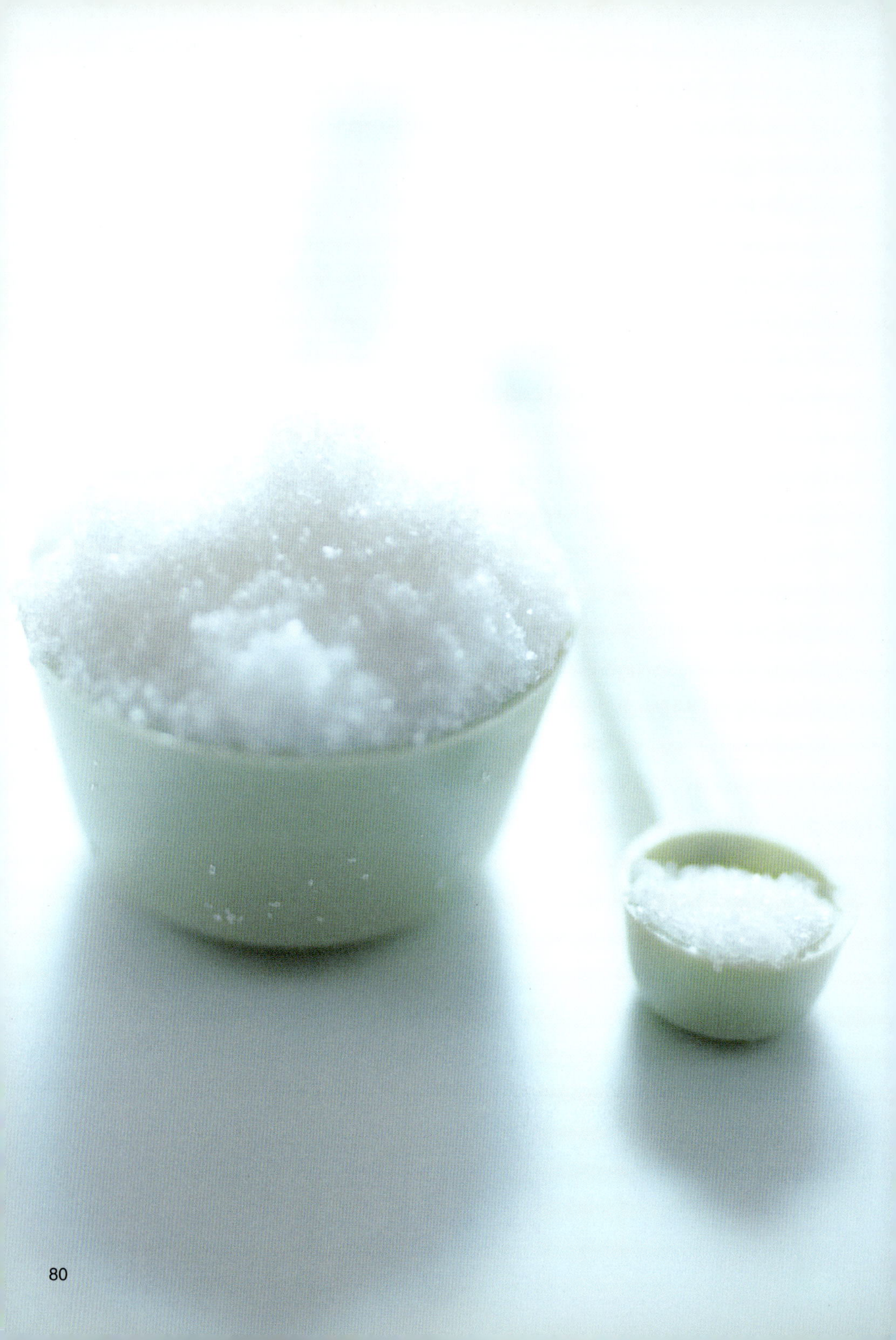

素材のちから

塩
salt

昔は塩というと真っ白でサラサラの食卓塩くらいしか知りませんでしたが、自然化粧品や入浴剤をつくるようになってからは、さまざまな土地の天然塩を試すようになり、とれる場所によってかなり塩の質が違うことを知りました。塩に含まれるミネラルやその他の成分が違うため、同じ塩でも黒海の塩と死海の塩では色も香りも粒の透明感も、全然違うのがおもしろいですね。日本、ボリビア、モンゴル、中国などいろんな国の塩をいただいたので、お風呂に入れたら、家にいながら世界中を旅しているような幸せ気分です。

塩は入浴剤以外にも、かかとの角質を取るスクラブ剤として効果があります。かかとの角質を取る場合は、オイルと混ぜて使うのが一般的です。こうすれば角質を取り除くだけでなく、カサついたかかとをオイルで同時に保護できるからです。やせるマッサージ用として、脚やおなかに直接すりこむこともありますが、肌が傷つかないように肌をぬらしてから使うとよいでしょう。

かかとのスクラブで使う塩は目の細かいサラサラしたものがおすすめですが、入浴剤に使う塩は、ごろごろと大きめのものが私は好きです。大きな塩の粒が少しずつお湯の中で溶けていくのを見ると、ゆったりとした時間の流れを感じ、とても贅沢な気分になります。ごろごろした塩は存在感があって見ためもきれいなので、香りをつけたりハーブを加えたりして、ガラスの瓶に入れて友達にプレゼントしています。

Massage 3

ボディマッサージ

ふだんの生活であまり筋肉を動かさない部分は、リンパ液や血液が滞りがち。
脂肪を燃焼しやすくするためにも、マッサージでほぐしてあげましょう。

おなかひきしめ
体の緊張をほぐし、ひきしまったウエストを

滞っている血流やリンパの流れをよくし、体内の循環をよくすることで、効率よく脂肪を燃焼させるためのマッサージ。ウエストがひきしまるイメージを手から体に伝えるようにマッサージをしてください。

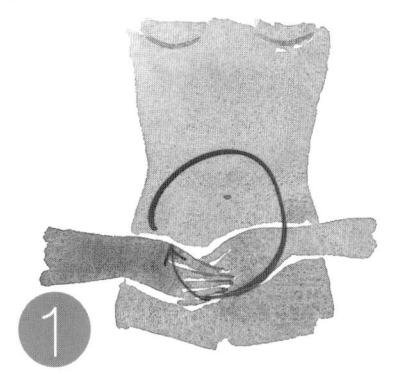

1 両手を重ねて、おへそを中心にして時計まわりにマッサージ。10回まわしたら、同じように手を重ねてらせんを描きながら10回まわす。

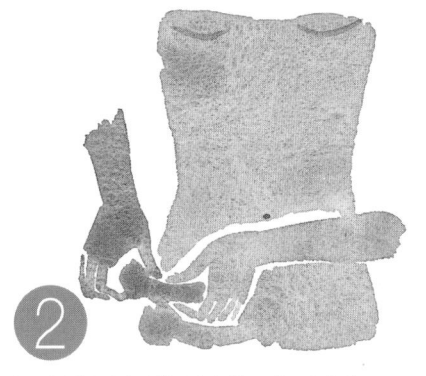

2 おへそまわりやわき腹の肉をぎゅっとつかんで、揉みほぐします。

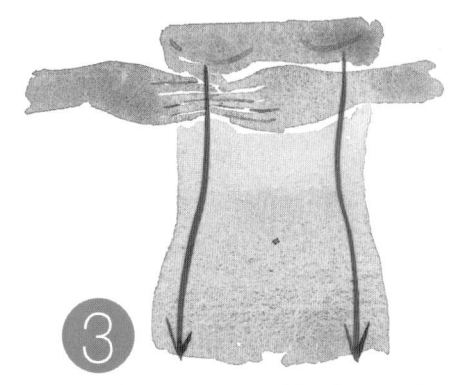

3 両手を使って、胸の下から下腹部へすべらせるようにマッサージ。左側、中央、右側と順番に。各5回。

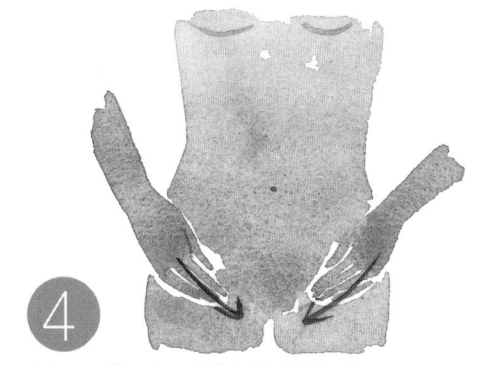

4 もものつけ根にそって指をすべらせます。リンパの滞りやすい場所なので、自分の指先で滞りをほぐすようマッサージを。

ヒップアップ
**たるみが気になる部分を
ていねいにマッサージ**

きつい下着で締めつけたり、ガードルに頼っていると、ヒップラインは崩れてしまいます。日頃から、上へ持ち上げるようなマッサージすることで、たるみを解消していきましょう。

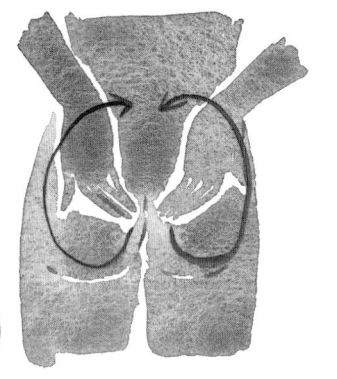

1
手のひら全体を使って、お尻の三角形の骨（仙骨）から下に向かい、お尻の外側を通って上へ大きな円を描くようにマッサージ。

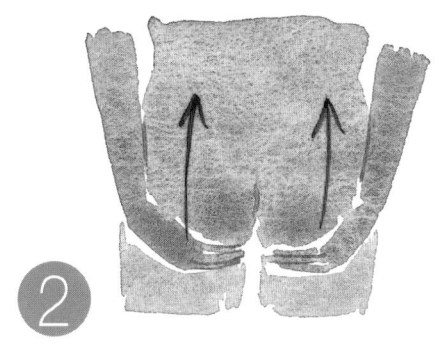

2
お尻をつつむようにして手を当てます。もものつけ根からお尻の丸みにそって、上にさすって。ヒップアップしているイメージを手から伝えるように。

3
体を少し前に傾けて太ももの後側に手のひらをおき、そこからお尻の頂上までていねいにさすります。お尻とももつけ根のたるみやすい部分を重点的に。

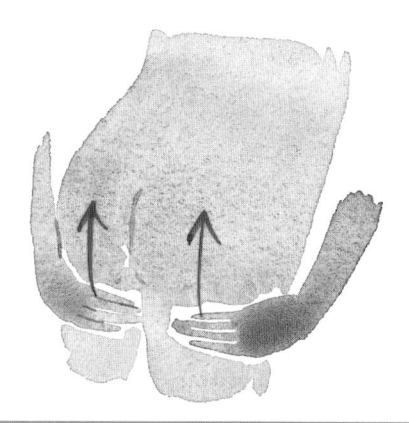

マッサージに使える精油 ※ボディマッサージオイル（79ページ）の精油は変更できます。分量は3滴です。

ジュニパーベリー
ひきしめ作用があり、ニキビや湿疹などを改善します。利尿作用があるので、むくみやセルライトの解消にも適しています。

グレープフルーツ
オイリー肌に適したオイル。また、リンパ液や水分の滞りを改善するので、むくみのある肌に。気持ちをリフレッシュさせる作用も。

サイプレス
リンパ液の流れをよくするため、むくみやセルライトの改善に適しています。また、ホルモンバランスを整える働きもあります。

ゼラニウム
肌の皮脂のバランスを整えてくれるとともに、ひきしめ作用もあります。どんな肌質にも使われるオールマイティなオイル。

クラリセージ
筋肉と神経の緊張をやわらげる作用があります。自律神経やホルモンに働きかけ、生理痛や生理不順を改善します。

ローズマリー
ひきしめ作用があり、たるんだ肌やセルライトのある肌に有効に働きます。筋肉の緊張をほぐすので、スポーツ後のマッサージにも。

※精油は使用上の注意を守りましょう（122ページ参照）。

ヘアケア
Hair Care

髪本来の元気を取り戻す、スペシャルレシピ。使い続けると、どんどん理想の髪質になっていくのが実感できるはず！

ベタつきやすい髪・解消メニュー

シャンプー
Shampoo

頭皮からでる油分の分泌が多いと、髪がベタついたりにおいが気になったりします。オイルに強いレモンの精油は、髪を清潔でさわやかに保ってくれます。

ヘアマッサージトニック
Hair massage tonic

頭皮がベタついてきたときのために、ヘアマッサージトニックを常備してはいかがでしょうか。ペパーミントの香りで、気になる頭皮のにおいも解消。

リンス液
Rinse

シャンプーの後は、髪を弱酸性に整えるリンスをしましょう。酢を使ったリンスは髪がやわらかくサラサラになります。ペパーミントを漬け込んだビネガーリンスは、香りもよく頭皮を清潔にします。

Body Care
ボディケア

> ベタつきやすい髪・
> 解消メニュー
>
> # 頭皮の油分を取り、清潔にする レモンやミントで

自分でつくったシャンプー&リンスで一度洗ってみてください。驚くほどさらさらに、美しい髪に仕上がりますよ。

シャンプー
Shampoo

材料（200ml分）
液体石けん　200ml
レモン精油　30滴

作り方
1 レモン精油を液体石けんに加え、よく混ぜる。

保存
常温保存。1年で使い切る。

リンス液
Rinse

材料（400ml分）
りんご酢　2カップ
ペパーミント（ドライハーブ）　10g

作り方
1 広口瓶にりんご酢とペパーミントを入れる。毎日数回、容器を振り、2週間したらペパーミントを取り除く。

使い方
1リットルのぬるま湯に大さじ3杯のリンス液を入れる。シャンプーをよく洗い流した髪にリンスをくぐらせ、洗い流す。

保存
冷暗所で保存。1年を目安に使い切る。
※生の葉を使う場合は、ペパーミントの分量を2倍の20gにすること。

Body Care
ボディケア

ヘアマッサージトニック
Hair massage tonic

材料（100mℓ分）
精製水　50mℓ
ウォッカ　50mℓ
ペパーミント精油　2滴

作り方
1 ビーカーに精製水、ウォッカ、ペパーミント精油を加え、よく混ぜる。

使い方
使う前に容器をよく振る。手に少量とって頭皮になじませるか、スプレーで吹きかけて、指先を立ててマッサージするように地肌になじませる。

保存
常温保存。2週間を目安に使い切る。

ペパーミント

すっきりさわやかな清涼感のあるハーブ。夏用の入浴剤や化粧品に最適。皮脂の分泌を抑える以外にも、胃腸の調子を整える作用も。殺菌作用があるのでうがい液にも使われる。

Column 7
枝毛や切れ毛を防ぐ、お手入れのしかたは…

シャンプーのときには、皮脂を取り過ぎないように適量を使い、すすぎでしっかり洗い流します。リンスは髪につけたあと全体にいき渡らせ、少し時間をおいてからすすぎます。

風呂あがりはすぐに乾かそうとせず、ゆっくりと時間をかけて。軽く叩く程度のタオルドライのあとに、タオルで髪を巻いて、しばらく濡れ髪の状態にしておき、時間をかけて乾かしましょう。

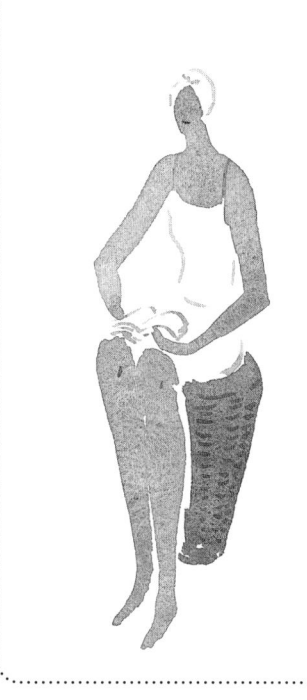

ツヤのない髪・解消メニュー

シャンプー
Shampoo

元気のない髪やパサパサした髪には、椿油とローズマリーがおすすめ。本来の黒髪のツヤと美しさがよみがえり、ハリのある元気な髪に戻ります。

リンス液
Rinse

セージはローズマリーと同じように、黒髪の美しさを保つのに欠かせないハーブです。サラサラと気持ちのよいこのリンスを使うと、髪をのばしてストレートにしようかなと思ってしまうのです。

ヘアクリーム
Hair cream

地肌に近い髪にくらべ、毛先はどうしてもパサつきがち。クリームを少しだけ髪になじませうるおいを与えたり、私は少し多めに使ってヘアワックス代わりにすることもあります。

Body Care
ボディケア

89

ツヤのない髪・解消メニュー
髪に美しいツヤをだすローズマリーとセージで

シャンプーは使う前に
中身が均一に混ざるように
容器を振ってから使ってください。
クリームはぬれた髪にごく少量を
なじませるとツヤがでます。

セージ

しょうのうに似たすっきりとした香りとほろ苦さが特徴的。黒髪やフケ防止など、美容面ではヘアケアに使われることが多いハーブ。飲用すると歯痛や頭痛に効果があるといわれている。

シャンプー
Shampoo

材料（200㎖分）
液体石けん　200㎖
椿油　大さじ1
ローズマリー精油　25滴

作り方
1 液体石けんに椿油とローズマリー精油を加え、よく混ぜる。

保存
常温保存。1年を目安に使い切る。

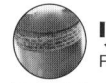

リンス液
Rinse

材料（400㎖分）
りんご酢　2カップ
セージ（ドライハーブ）　10g

作り方
1 広口瓶にりんご酢とセージを入れる。毎日数回、容器を振り、2週間したらセージを取り除く。

使い方
1リットルのぬるま湯に大さじ3杯のリンス液を入れる。シャンプー後、すすいだ髪にリンスをくぐらせて洗い流す。

保存
冷暗所で保存。1年を目安に使い切る。

ヘアクリーム
Hair cream

材料（50g分）
椿油　45g
みつろう　5g
ビタミンE　2カプセル
ローズマリー精油　10滴

作り方
1 耐熱容器に椿油とみつろうを入れる。鍋を火にかけて、湯煎する。
2 みつろうが溶けたら火からおろし、ローズマリー精油を加える。
3 ビタミンEのカプセルを破り、中身を2に加え、混ぜる。容器に入れて固める。

使い方
少量を手に取り薄くのばす。パサついた毛先になじませる。
※ヘアクリームをつけるときは、髪がぬれているほうがベタつかずにしっとりする。

保存
高温多湿を避け保存。1年を目安に使い切る。

Arrange 5
シャンプーは好みの香りがつけられます

基本的な精油になじんできたら、新しい精油をあれこれ試してみるとよいでしょう。シャンプーのアレンジは、香りを変えて楽しむのがいちばん。
たとえば、レモンの代わりにグレープフルーツやオレンジ、ライムなどほかの柑橘系の香りを使ったり、ローズマリーなどすっきり系の香りの代わりには、ゼラニウムやラベンダーなどフローラルな香りを使ってみるのも楽しいですよ。

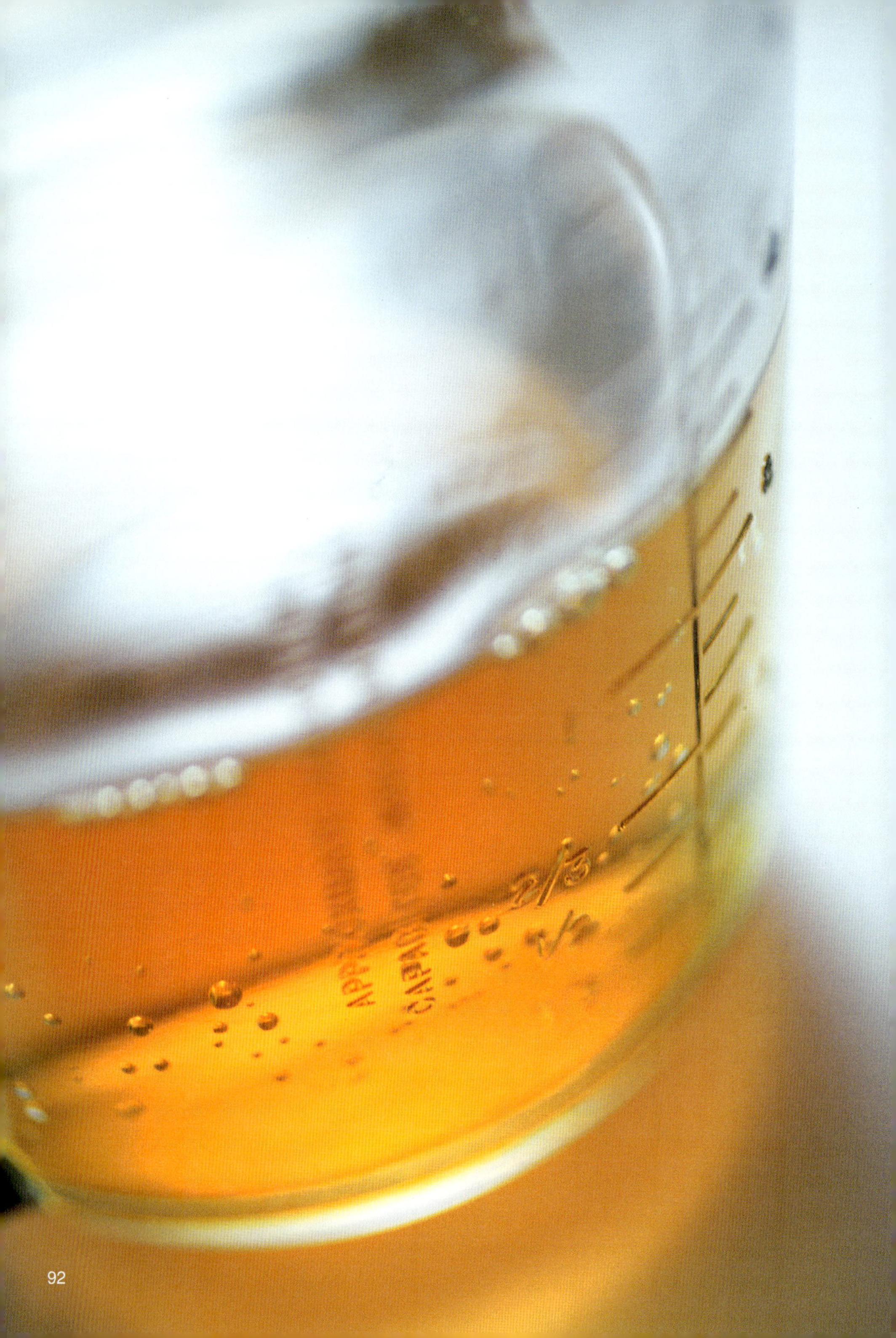

素 材 の ち か ら

ビネガー
vinegar

私は酢を使ったレシピが大好きです。特に石けんで髪を洗ったあとには、ビネガーリンスを使うのがいちばんのお気に入り。バスタブにおいてある大きなピッチャーにぬるま湯を入れ、ビネガーリンスの原液をほんの少したらします。そのリンスですすぐと、髪が乾いたあともサラサラでしなやか。気持ちがよくて何度も手櫛をしてしまいます。
私は手に入りやすいという理由もあって、りんご酢をよく使います。この本のレシピでもそうなっていますが、ほかのお酢を使ってもOKです。
リンスはビネガーそのものを原液として使うこともありますが、ペパーミントやラベンダー、カモミールなど香りのよいドライハーブを漬け込んだり、黒髪によいローズマリーやセージなどを漬け込んだり、いろいろバリエーションを楽しんでいます。酢のにおいが苦手という人は案外多いけれど、おすすめレシピのひとつです。ぜひ試してみてください。
ハーブを漬け込んだものは、入浴剤としてもよく愛用しています。特に冬の乾燥する時期は、体や手足が乾燥してカサカサしがち。そんなときは、ハーブビネガーでお風呂に入ると、かゆみがラクになり、肌もしっとりしなやかになります。
ところでハーブビネガーは使うときは、ハーブを取り除くのを忘れずに。私のような失敗をする人はいないと思いますが、一度ハーブ入りのままビネガーを使ったら、ハーブが髪にからみついてとても大変なことになりました。

Massage 4

ヘッドマッサージ

ストレスフルな毎日で、睡眠をとってもなぜか疲れがとれないという人が多いようです。
睡眠前にヘッドマッサージでストレスリセットを。

リラクシングマッサージ
アロマを焚きながら行うリラクシングマッサージ

体のためにより有効な睡眠をとるには、その日のストレスをリセットすることが大切。お風呂あがりや寝る前にリラクシングマッサージを行って、イライラやストレスを解消しましょう。リラックスできるアロマオイルを焚くとより効果的です。

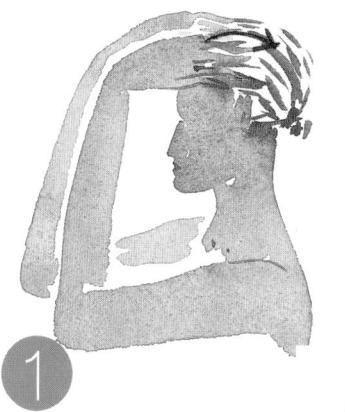

1
生え際から頭の先に向かって、髪の毛をかきあげるようにさすります。指先に少しちからを入れて、痛さを感じる部分があるか確かめます。

両手を広げて指先を使い、生え際から頭の先までもんでいきます。痛さを感じた部分を中心に。そして、左右の耳を頭の先に向かってつないだ線の中央に両手の中指を押し当てます。

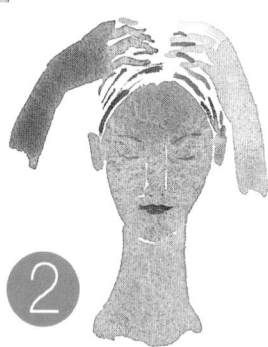

3
両手で頭を軽くつまむようにマッサージ。つまんで、すぐに離し、軽いちからでリズミカルに行います。

2

リラックス効果のある精油
※肌にぬるのではなく、アロマポットで焚いて香りを楽しみましょう。

ラベンダー
リラックスできるオイルの代表的なものです。中枢神経のバランスを整え、血圧を下げる作用があります。また、皮脂バランスを整えます。

ゼラニウム
精神と体のバランスを保ってくれるオイルで、ストレスがたまったときに適しています。また、肌の皮脂のバランスを整えてくれます。

イランイラン
恐怖や不安、ウツなどの負の感情をやわらげてくれるオイルです。気持ちを鎮めておだやかな状態を保ちたいときに適しています。

ベルガモット
不眠やウツ、不安などを取り除いてくれます。さわやかな香りで気持ちをリフレッシュして、リラックスさせてくれるオイルです。

ネックラインマッサージ

オフィスワークで長く同じ体勢をとっていると、肩や首の筋肉が固まって肩こりに。
こりは肩だけでなく、首や背中の疲れも関係しています。

肩こりマッサージ
少しでもこりを感じたらマッサージする習慣を

リンパの滞りをなくして血行をよくし、肩こりや首の疲れを取ります。こりがひどくなってからではなく、少しでもこりを感じたら、マッサージを。お風呂あがりや寝る前など、リラックスタイムに行う習慣をつけるといいでしょう。

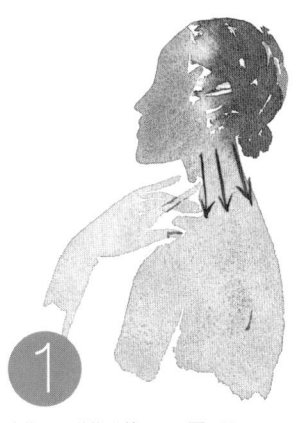

1 中指から薬指を使って、耳の下から肩の先に向かってなでるようにマッサージ。5回ほど行ったら、反対側を。首全体もマッサージします。生え際から首のつけ根へ向かって強すぎないちからでなでおろします。

2 首のつけ根から肩先をつなぐラインの中央を人さし指と中指の腹で押します。強めに3秒押して3秒休み、5回繰り返します。

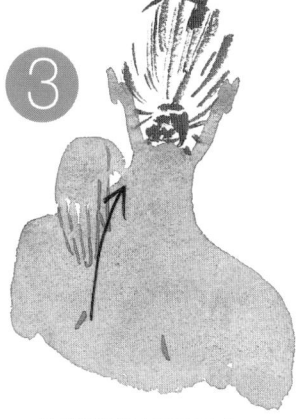

3 届く範囲で背中に手をおき、首のつけ根に向かって引き上げるようにマッサージ。片方5回ずつ行います。また、肩甲骨のまわりをマッサージできるとより効果的。

マッサージに使える精油
※オイルパック（20ページ）に1滴加えて、マッサージオイルとして使います。

パルマローザ
神経の緊張をほぐし、ストレスから解放してくれます。また、消化器系に働きかけるオイルで、胃腸の不調に作用します。

ラベンダー
中枢神経のバランスを整え、血圧を下げる作用があります。細胞の成長を促進して、皮脂バランスを整えます。

カモミール
うるおいを保つ作用があるので、乾燥肌に適しています。また、鎮痛作用もあり、頭痛や偏頭痛にもよいとされています。

スイートオレンジ
乾燥した肌や老化した肌を改善させる作用、ひきしめ作用があります。気分が落ち込んだときに使うと元気になるオイル。

※精油は使用上の注意を守りましょう（122ページ参照）。

ハンドケア
Hand Care

美しい手もとは、思わず見とれてしまいます。
カレンデュラ入りのメニューで、すべすべの美しい手に。

(手のガサガサ・解消メニュー)

ハンドバス
Hand bath

石けんや洗剤に一日何度も触れていると、たちまち手がガサガサしてきます。まずは肌を弱酸性にするために、酢を少し加えた湯でゆったり休ませてください。

ハンドクリーム
Hand cream

カレンデュラを漬け込んだオイルは、痛んだ肌を修復してくれます。手が乾燥したときばかりでなく、寝る前にもたっぷりぬるとよいでしょう。

Body Care
ボディケア

手の黒ずみ・解消メニュー

ハンドパック
Hand pack

スクラブの後は、美白効果のあるといわれている3つの素材を使ってパック。肌のくすみが取れたしなやかな手は、誰かに自慢したくなるはず。

ハンドスクラブ
Hand scrub

毎日手を洗ったりお風呂に入ったりしていても、手の色がくすんでくることがあります。レモン汁を使ったスクラブで肌の汚れを落とすと、びっくりするほど美しくツルツルになります。

手のガサガサ・解消メニュー
秋・冬の乾燥の季節にちから強い味方

かじかんだ手も、ハンドバスにつけて、やわらかく、血行よくしましょう。ハンドクリームを指先までぬって、手袋をして休めば、翌日はしなやかな手に。

カレンデュラ

和名はキンセンカ。黄色い花びらには炎症を抑える薬効があるといわれ、オイルに漬け込んで抽出液を採り、やけどやすり傷、手荒れなどに効くクリームなどの材料にする。

＊ カレンデュラの漬け込み方

広口瓶にオリーブオイル1カップとカレンデュラ（ドライハーブ）5gを入れる。毎日数回、容器を振り、2週間したらカレンデュラを取り除く。できあがったオイルは冷暗所で保存。1年を目安に使い切る。

ハンドバス
Hand bath

材料（1回分）
ぬるま湯　洗面器1杯（約2ℓ）
りんご酢　大さじ1

作り方
1 洗面器にぬるま湯を入れ、りんご酢を加える。

使い方
手をハンドバスに入れ、5分程つけておく。

ハンドクリーム
Hand cream

材料（50g分）
カレンデュラを漬け込んだオリーブオイル　45g
みつろう　5g
ビタミンE　1カプセル

作り方
1 耐熱容器にオリーブオイルとみつろうを入れ、湯煎する。
2 みつろうが溶けたら、火からおろす。
3 ビタミンEのカプセルを破り、中身を2に加え、混ぜる。クリーム容器に入れる。粗熱が取れたら、冷やし固める。

保存
高温多湿を避け保存。1年を目安に使い切る。

Body Care
ボディケア

> 手の黒ずみ・
> 解消メニュー
>
> ## あこがれの
> ## 白く美しい
> ## 手になるレシピ

くるくると指で小さな円を描くようにして
スクラブで汚れを落とします。
ゴシゴシとちからは入れないで。
パックは倍量でつくり、
ひじまでパックしてもよいでしょう。

ビタミンE

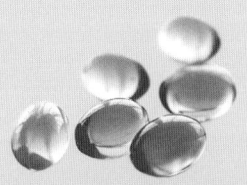

ビタミンEは別名「若返りのビタミン」と呼ばれ、肌の老化を抑えたり、血行をよくしてコリや冷えを解消するちからがある。カプセル状のサプリメントを破って使用する。

ハンドスクラブ
Hand scrub

材料（1回分）
米ぬか　大さじ1
レモン汁　小さじ1
水　小さじ2

作り方
1 米ぬかにレモン汁と水を加え、混ぜる。

使い方
ぬれた手につけて、優しくマッサージするようにスクラブする。ぬるま湯で洗い流す。

ハンドパック
Hand pack

材料（1回分）
ヨーグルト　大さじ1
クレイ　小さじ1
米ぬか　小さじ1

作り方
1 ヨーグルトとクレイと米ぬかを混ぜる。

使い方
手にたっぷりぬる。10分おいたら、ぬるま湯で洗い流す。

リップケア
Lip Care

スペシャルケアのリップパック、おでかけ時には、必ず持ち歩きたいリップクリーム。乾燥に負けないリッチなつけ心地。

Body Care
ボディケア

（唇のカサカサ・解消メニュー）
いつでもツヤツヤ。うるおいが持続します。

リップクリーム
Lip cream

カレンデュラはリップクリームとしても人気のあるハーブです。リップをぬってからもうるおいが持続するように、ココアバターをプラスしたクリームで。

材料
カレンデュラを漬け込んだオリーブオイル
　45g（漬け込み方は98ページ）
ココアバター　5g
みつろう　5g

作り方
1 耐熱容器にオリーブオイル、ココアバター、みつろうを入れる。鍋を火にかけ、湯煎する。
2 みつろうが溶けたら、火からおろす。クリーム容器に入れる。

保存
高温多湿を避け保存。1年を目安に使い切る。

リップパック
Lip pack

毛穴のない唇の皮膚は季節にかかわらず乾燥しがちです。乾燥がひどいときは、ココアバターとビタミンEを厚めにぬってパックをするのがおすすめです。

材料（1回分）
ココアバター　2g
ビタミンE　1カプセル

作り方
1 耐熱容器にココアバターと、ビタミンEのカプセルを破って中身を入れる。鍋を火にかけ、湯煎する。
2 ココアバターが溶けたら、火からおろす。クリーム容器に入れる。

ココアバター
保湿効果が高く、ハンドクリームやリップクリームなどスキンケア材料としてよく使われる。チョコレートの原料なので、スーパーや食料品店の製菓材料コーナーでも売られている。

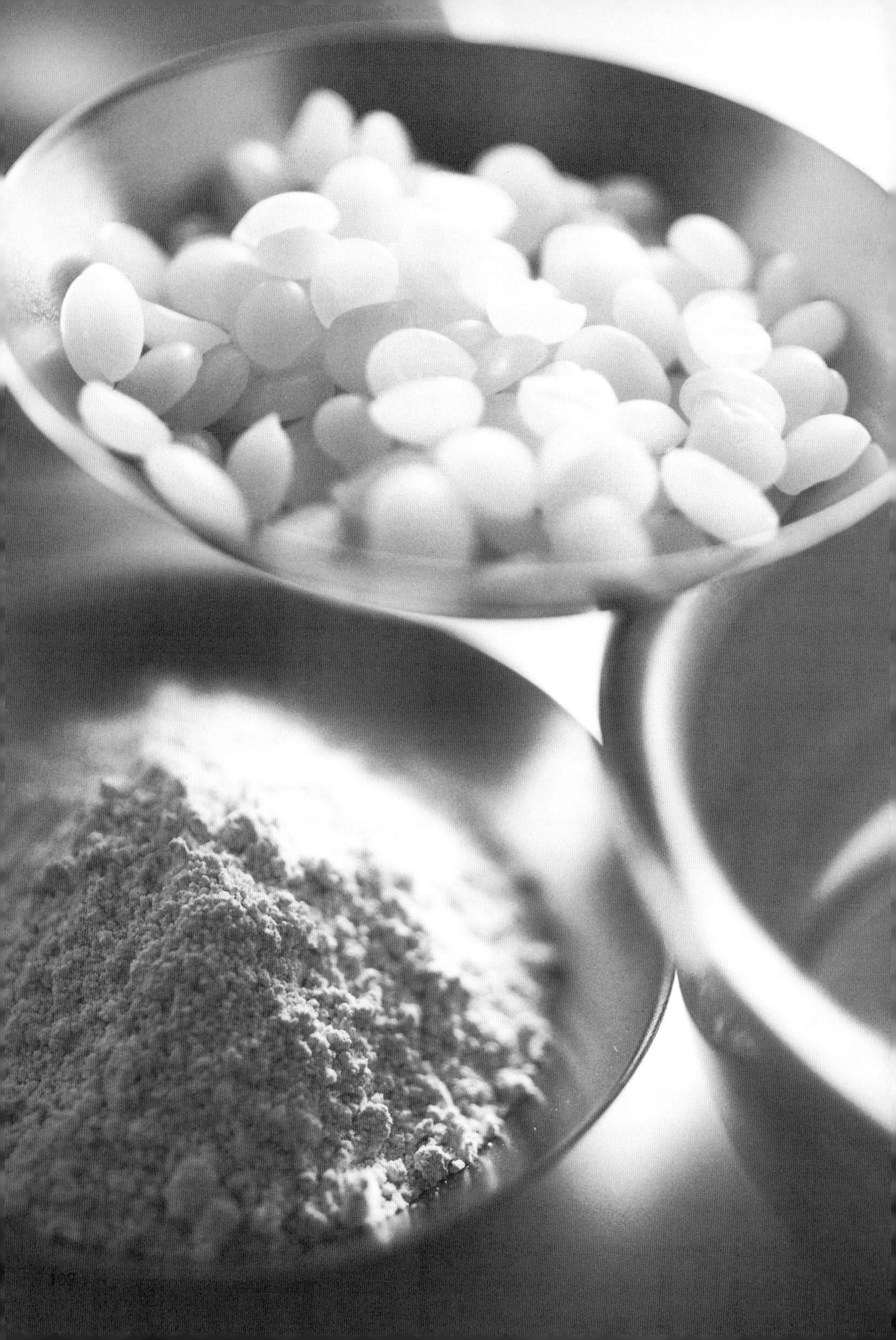

素材のちから

専門材料
cosmetics

レシピをつくるときは、できるだけなじみのある身近な素材を使うようにしていますが、ときには専門店に行かないと買えない材料もあります。初めて自然化粧品づくりをする方にとって、こういう専門素材は手がだしにくいもの。そこで、ここでは日常に取り入れやすい素材をいくつかご紹介します。

●みつろう
みつばちが巣をつくるのに分泌するもので、別名ビーズワックスと呼ばれています。みつろうは油と混ぜてクリームをつくるのに使うほか、そのまま溶かして固めればキャンドルもつくることができます。

●クレイ
クレイはきめの細かい粉末状の粘土です。採れる土地によってミネラルなどの成分が違うため、品名や色はさまざまですが、どれも肌の老廃物を取り除く役割があります。入浴剤やパック、パウダーなど幅広く使うことができます。

●ローズウォーター
ローズウォーターは化粧水やパックなどに使います。バラの精油を蒸留するときにできる芳香蒸留水のことで、ローズのハイドロソルと呼ばれることもあります。精製水にバラの精油を加えたものもローズウォーターとして売られています。前者のほうが値段が高く、品質はよいとされていますが、私はこだわらずどちらもよく使います。

PART ③

セルフケア

心のコリがたまってきたな、と思ったらハーブや精油を
贅沢に使って、リラックス&リフレッシュ。
元気な心は、美しさの基本です。

ハーブや精油を
使ったエステは、
気軽にできない
特別なことだと
思っていませんか？

自然の中で生まれた香りを楽しむために、難しい技術や堅苦しいルールは必要ありません。大切なのは好きな香りを見つけること。そして好きな香りを暮らしの中で自由に取り入れることなのです。
リラックスしたいとき、リフレッシュしたいとき、ウツウツしたときやイライラしたとき、そして一日の疲れを癒したいとき。状況や気分にあわせて、いろいろなシーンで香りを楽しんでみてください。大好きな香りにふれたら、きっと微笑みを浮かべてしまうでしょう。にっこりと微笑むことができる幸せは、どんな豪華なエステにもまさる、最高のセルフケアとなるはずです。

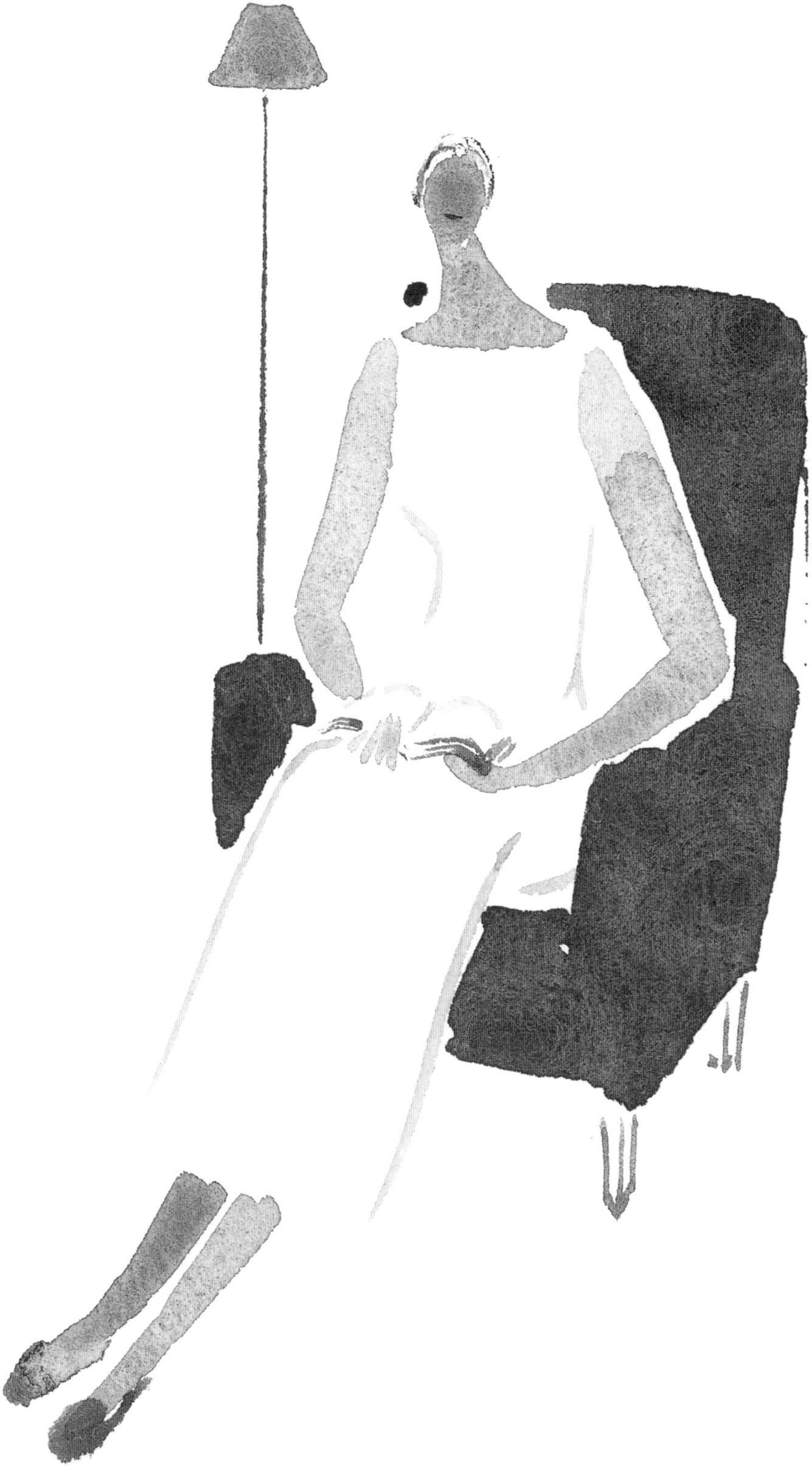

（一日を元気にはじめるセット）

シャワーソープ
Shower soap

一日の始まりは元気よく音を立てるシャワーから。すきっとした香りのシャワーソープで全身を洗えば、心も体もリフレッシュ！

アイパック
Eye pack

朝起きたときに目がはれぼったいと、外出するのも億劫になってしまいます。そんなときは、冷やしたアイパックで応急処置を。

Self Care
セルフケア

(ぐっすり眠るためのセット)

入浴剤
Bath salt

眠れないときにおすすめの香りはスイートオレンジ。心をリラックスさせ安眠を促す作用があります。香りのよい白塩風呂は疲れも取れてぐっすり眠れそう。

ハーブスチーム
Harb steam

ハーブスチームは火を使わずに部屋に香りを漂わすことができるので、おやすみ前にそのまま使えて便利。ハーブに湯を注いだら、あとはほのかな花の香りに包まれて眠るだけ。

一日を元気にはじめるセット
すっきりさわやかな香りのハーブが味方

シャワーソープにはリフレッシュさせるレモンの精油もおすすめです。アイパックはひんやり感が気持ちいいので、前の晩につくって冷やしておいても。

シャワーソープ
Shawer soap

材料（200mℓ分）
液体石けん　200mℓ
ペパーミント精油　5滴
ユーカリ精油　20滴

作り方
1 液体石けんにペパーミント精油とユーカリ精油を加え、よく混ぜる。

保存
常温保存。1年で使い切る。

アイパック
Eye pack

材料（1回分）
レモンバーム（ドライハーブ）　小さじ2
ラベンダー（ドライハーブ）　小さじ2

作り方
1 お茶用のペーパーバッグをふたつ用意する。
2 レモンバームとラベンダーを小さじ1ずつ入れる。

使い方
アイパックに少量の熱湯を注ぎ、エキスをだす。粗熱が取れたら、取り出して冷蔵庫で冷やす。冷たくしたアイパックを、目の上にのせる。

レモンバーム

柑橘系の香りがするハーブ。落ち込んだ気分を癒し、安眠を誘う。別名メリッサ。

ラベンダー

甘くさわやかな気品のある香りを放つので「香りの女王」の異名も。リラックス効果が高い。

Self Care
セルフケア

ぐっすり眠るためのセット
寝つけないときに手軽に試して。安眠を約束します

入浴剤もハーブスチームも
目を閉じ、体をラクにして、
香りをゆっくり吸い込みましょう。
心も体も芯からほぐれて
疲れがとれるのを感じるはず。

入浴剤
Bath salt

材料（1回分）
天然塩　1/4カップ
スイートオレンジ精油　4滴
ゼラニウム精油　1滴

作り方
1 天然塩にスイートオレンジ精油とゼラニウム精油を加え、混ぜる。

ハーブスチーム
Herb steam

材料（1回分）
水　1ℓ
カモミール（ドライハーブ）　大さじ1
ローズ（ドライハーブ）　大さじ1

作り方
1 鍋で水を沸騰させたら火からおろし、1〜2分おく。
2 カモミール、ローズを加える。

使い方
そのまま部屋におき、香りを楽しむ。

カモミール

甘酸っぱい香りで、安眠をうながす。生理痛をやわらげ「婦人のハーブ」とも呼ばれる人気の高いハーブ。

ローズ

甘い優雅な香りで心と体を癒すローズ。高い収れん作用がありフェイスケアの心強い味方。

(ウツウツをやわらげるセット)

アイピロー
Eye pillow

お米の適度な重さが目に心地よいアイピロー。考えすぎて落ち込んでしまうときは、リラックス効果のあるラベンダーとカモミールの香りを感じながら、横になって全身のちからを抜いてみましょう。

フェイススチーム
Face steam

気分がぱっとしないときやウツウツしたときは、ベルガモットとイランイランの香りをかいでみてください。ストレスを癒して、心を落ち着かせてくれます。

Self Care
セルフケア

（イライラをふきとばすセット）

オーデコロン
eau de cologne

よい香りをかぐと人はどうしても微笑んでしまうようです。いつでも気分転換ができるように、さわやかな香りのオーデコロンを持ち歩いてみてはいかがでしょうか？

入浴剤
Salt bath

イライラしているときは体が硬くなって呼吸も浅くなります。鎮静作用のある精油を使ったお風呂に入り、ふーっと大きく息を吐きだしてみましょう。肩のちからが抜けていきます。

ウツウツをやわらげるセット
なんとなくブルーな気分を振りはらいたい…

元気の出る香りを上手に使って、
気分を変えましょう。
アイピローは
好みの柄の布を用意して、
楽しくつくってみては?

アイピロー
Eye pillow

材料
ラベンダー（ドライハーブ）　大さじ3
カモミール（ドライハーブ）　大さじ1
米　3/4カップ
とうがらし（乾燥）　1本

作り方
1 10cm×20cmの布袋を用意する。
2 袋にラベンダー、カモミール、米、とうがらしを入れる。

使い方
目の上にのせて休む。

フェイススチーム
Face steam

材料（1回分）
水　1ℓ
ベルガモット精油　2滴
イランイラン精油　1滴

作り方
1 鍋で水を沸騰させたら火からおろし、1〜2分おく。
2 ベルガモットとイランイランの精油をたらす。

使い方
蒸気に手をかざして熱すぎないことを確認して、湯面から20cmくらい離れたところから顔に蒸気を当てる。蒸気が逃げないように、頭からタオルをかぶり、テントのような状態にしておくとよい。体をリラックスさせ、蒸気を顔に10分ほど当てる。
※フェイススチームの残り湯は、入浴剤やフェイスウォッシュ（13ページ）として使える。

Self Care
セルフケア

イライラをふきとばすセット
イライラしても がんばった自分に 香りのごほうびを

香りのパワーは
「癒し」に強い効きめがあります。
でも、イライラしない毎日を
送るのがいちばん。
自分なりの気分転換の方法を
いくつか見つけておきましょう。

オーデコロン
eau de cologne

材料（30m分）
イランイラン精油　5滴
グレープフルーツ精油　20滴
ローズマリー精油　5滴
無水エタノール　20m
精製水　10m

作り方
1 ガラスのスプレー容器にイランイラン、グレープフルーツ、ローズマリーの精油を入れる。
2 無水エタノールを加えたら、ふたをして1日おく。
3 翌日、香りがまとまったら精製水を加える。

使い方
使う前によく振る。

保存
常温保存。

入浴剤
Bath salt

材料（1回分）
天然塩　1/4カップ
ラベンダー精油　2滴
スイートオレンジ精油　3滴

作り方
1 天然塩にスイートオレンジ精油とラベンダー精油を加え、混ぜる。

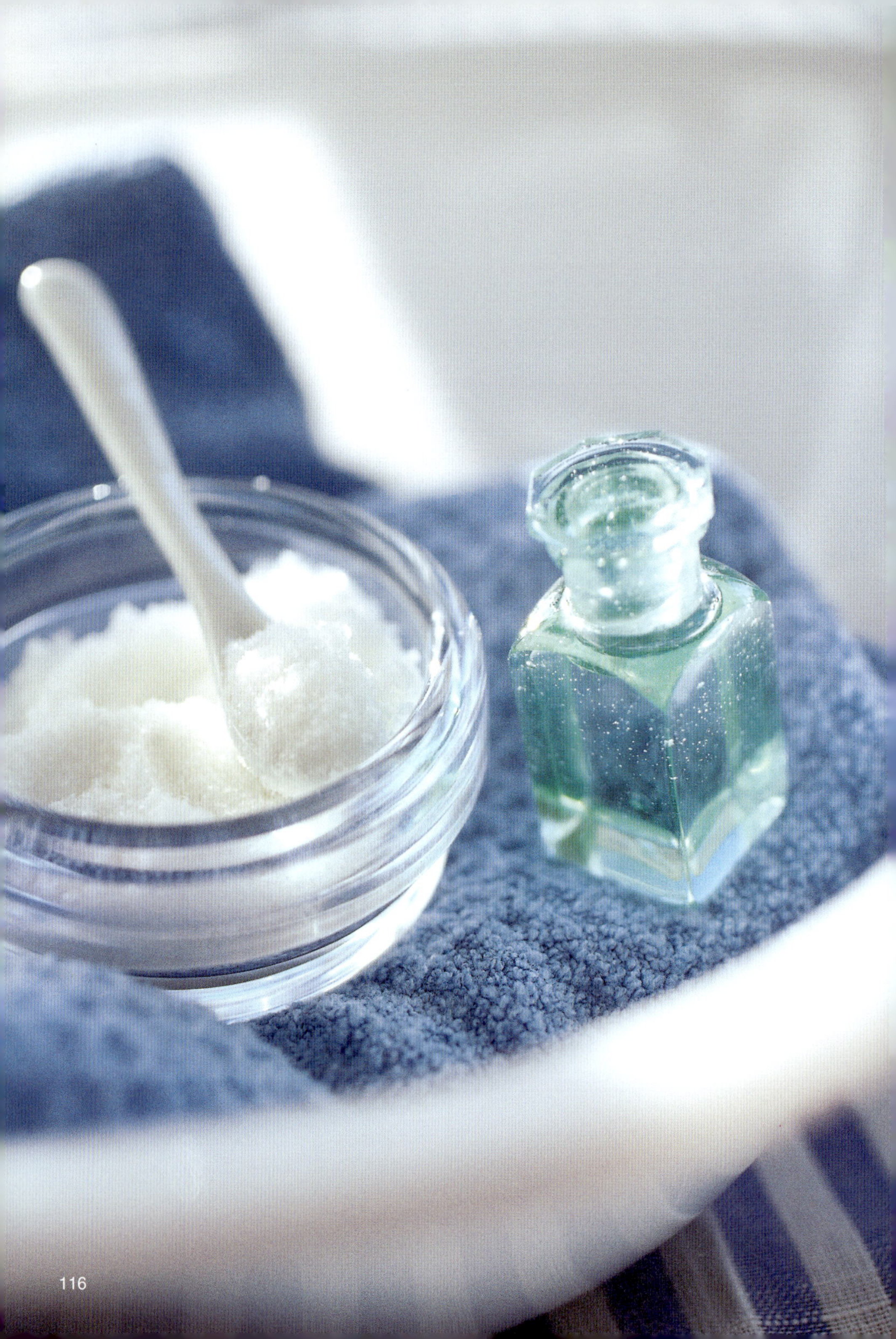

Self Care
セルフケア

肩や首の疲れを癒すセット
心地よい香りに包まれて、ほっとひと息ついてみては。

ハンドバス
Hand bath

肩や首がこっているときは、手を温めるとかんたんで効果的。疲れがたまってきたなと思ったら、香りのよいハンドバスで少し休憩しましょう。

材料（1回分）
やや熱めの湯（40度くらい）
　洗面器1杯（約2ℓ）
ラベンダー精油　1滴
天然塩　大さじ2

作り方
1 天然塩にラベンダー精油を加える。
2 洗面器に湯を入れ、1を加える。

使い方
湯に手を入れ、15〜20分くらい温める。

ホットパックオイル
Hot pack oil

肩こりがひどいときは、自分でマッサージするのも辛いもの。そんなときは肩を温めて血行をよくするホットパックがおすすめです。

材料（1回分）
ホホバオイル　大さじ1
ローズマリー精油　1滴
ユーカリ精油　1滴

作り方
1 ホホバオイルにローズマリー精油とユーカリ精油を加え、混ぜる。

使い方
ホットパックオイルを首や肩にぬる。上から蒸しタオルをのせ、10分くらい温める。

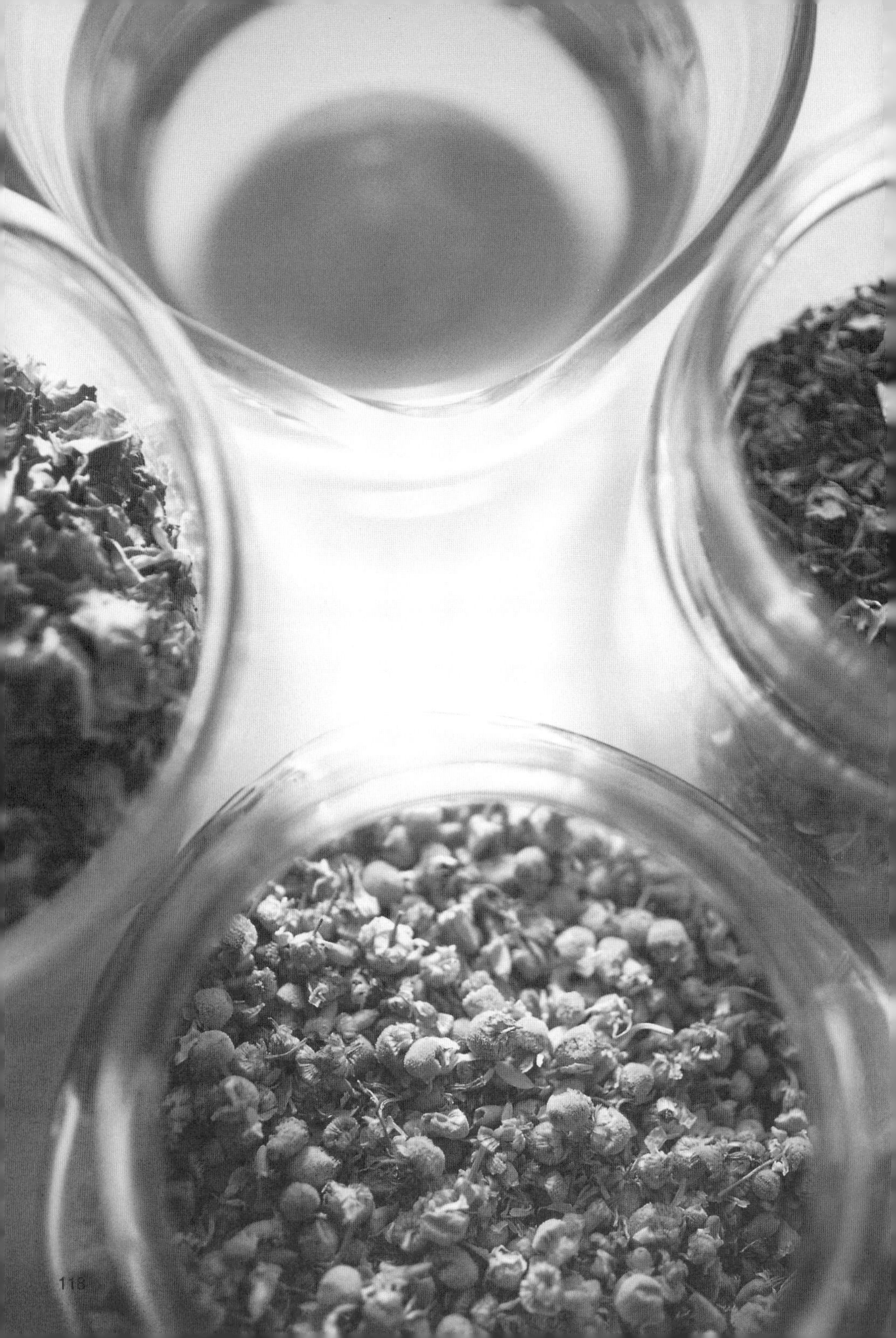

素材のちから

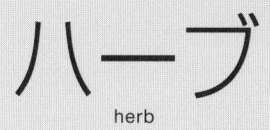

ハーブ
herb

ハーブのエキスをだすのに最も楽なのは、湯で抽出する方法です。ドライハーブに熱いお湯を注ぎ、5分ほど蒸らしておくと、ハーブのエキスが溶けだしているのがわかります。ふだん飲んでいるハーブティも、難しいいい方をすればハーブの抽出液なんですね。しかし、ハーブティは飲むばかりでなく、スキンケアやセルフケアにも活用したいもの。肌に優しいレモンバームやカモミールは洗顔やパックに、殺菌効果のあるタイムやペパーミントはフットバスに、香りのよいラベンダーやローズは蒸気で芳香を楽しむスチームに。ひとつのハーブをそのまま使ってもいいし、何種類か組み合わせるのも楽しいでしょう。私の場合、花は花のハーブで、葉は葉のハーブで組み合わせるのが好きです。花ならラベンダー＆ローズ＆カモミール、葉ならローズマリー＆セージとかレモンバーム＆ペパーミントというように。

ハーブというと特別な感じがして近寄り難い、何を買っていいのかわからない、という方もいるかもしれません。だけど難しく考える必要はありません。
すぎなやよもぎなどの身近な素材だっていいのです。まずは自分にとってなじみやすいものから始めてみてください。ちなみに私がいちばん好きなハーブはたんぽぽ。野草というか雑草としてのイメージのほうが強いくらいですよね。

基本の道具&材料

この本でよく使う、基本の道具と材料です。どれもキッチンでおなじみの道具ばかり。

はかる道具

よく使うキッチン道具

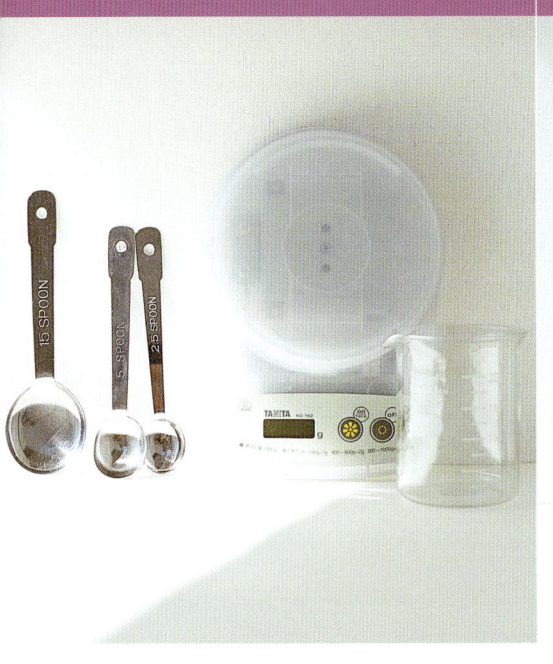

分量を正確にはかるために、調理用の計量グッズを用意しましょう。
計量スプーン 大さじ15㎖、小さじ5㎖が便利。プラスチックやステンレス製がありますが、ステンレス製があれば、熱い液体をかき回すときにも使えて便利です。
計量カップ 200㎖で、目盛りの見やすいものを使いましょう。耐熱製のカップなら湯煎にかけられるので重宝します。
はかり 調理用でOK。レシピに必要な材料は、どれも少量ずつです。1g単位で計れるものを選んで。

鍋 この本では、直径18cmの鍋を使用。小振りの鍋が便利です。
茶こし 漬け込んだハーブ類を取り除くときに使います。瓶によっては、網じゃくしを使っても。
ボウル 複数の材料を混ぜ合わせるときには小さめのボウル、ドライハーブをミックスするときや、氷を入れて冷やすときは大きめのボウルで。
スプーン 柄が長めのスプーンがあると、縦長の瓶で材料を混ぜ合わせるときに重宝。ステンレス製を使いましょう。

ドライハーブ

精 油

ハーブは私たちが本来持っている自然治癒力を高めてくれる薬草です。乾燥させたドライタイプと生ハーブがありますが、この本では、手に入れやすいドライハーブを使います。お茶や料理だけでなく、自然化粧品や入浴剤に広く活用されています。購入は、アロマテラピーショップやDIYショップで。セージ、タイムなど料理によく使われるキッチンハーブやハーブティは、スーパーや輸入食料品店で手に入ります。

精油（エッセンシャルオイル）とは、植物から抽出した天然の芳香成分のことです。香りを楽しみながら、心と体を健康にするアロマセラピーに用いられます。生活雑貨店や、アロマテラピーショップなどで購入できます。

※精油は高濃度です。薄めて使用する精油もあります。瓶や箱、注意書きに記載の使用上の注意を守りましょう（122ページ参照）。

精油&ハーブガイド
エッセンシャルオイル

この本に登場する精油やハーブは、心の安定作用にも役立ちます。以下の表を目安に、マッサージやセルフケアのレシピに応用してみてはいかがでしょうか。

集中力がない

[精油]
- レモン
- ペパーミント
- ユーカリ
- ローズマリー

[ハーブ]
- ローズマリー
- ペパーミント

気が滅入る

[精油]
- グレープフルーツ
- イランイラン
- ベルガモット
- クラリセージ

[ハーブ]
- レモンバーム
- ローズ

何もする気がおきない

[精油]
- グレープフルーツ
- ジュニパーベリー
- ローズマリー
- サイプレス

[ハーブ]
- セージ
- ペパーミント

眠れない、眠りが浅い

[精油]
- ラベンダー
- カモミール
- スイートオレンジ

[ハーブ]
- カモミール
- ラベンダー

自信がない

[精油]
- ベルガモット
- ゼラニウム
- ローズ
- ラベンダー

[ハーブ]
- ラベンダー

疲れている

[精油]
- ローズマリー
- ジュニパーベリー
- サイプレス
- ゼラニウム
- ラベンダー

[ハーブ]
- ローズヒップ
- ハイビスカス
- ローズマリー

悩みや不安で落ち着かない

[精油]
- カモミール
- クラリセージ
- ラベンダー
- ローズ

[ハーブ]
- カモミール
- レモンバーム
- ラベンダー

イライラする

[精油]
- ラベンダー
- ゼラニウム
- レモン
- ペパーミント

[ハーブ]
- セージ
- ラベンダー

精油を使うときの注意点

精油(エッセンシャルオイル)は濃縮されたもので作用も強いので、以下の点に注意し正しく使いましょう。
※原液を皮膚に直接つけない。原則として、薄めて使用する。
※柑橘系の精油(レモン、オレンジ、グレープフルーツ、ベルガモット、ライムなど)には、紫外線に反応して、アレルギー症状を引き起こす作用があるので、外出前の使用や日光に当たる部分への使用を避ける。
※妊娠中や高血圧の人、乳幼児には使用できないものもあるので、必ず医師や専門家に相談してから使う。
　また、敏感肌の人は薄めたもので、パッチテストをしてから使用すること。

Shop List

この本に載っている材料を、入手できるショップリストです。

いまじん
精油各種、ベースオイル、みつろう、クレイなど

〒630-8214
奈良県奈良市東向北町17川井ビル2F
TEL&FAX 0742-20-6220
http://www.eco-imagine.com/

有限会社カワチヤ食品
精油各種、ベースオイル、みつろう、クレイ、食料品、ドライハーブ各種、液体石けんなど

〒110-0005
東京都台東区上野4-6-12
TEL&FAX 03-3831-2215
http://www.aurora.dti.ne.jp/~mg-oo98/

生活の木　原宿表参道店
精油各種、ベースオイル、みつろう、クレイ、ドライハーブ各種など

〒150-0001
東京都渋谷区神宮前6-3-8　TEL 03-3409-1781
通販TEL0572-67-0320　FAX 0572-67-2029
http://www.treeoflife.co.jp/

東急ハンズ新宿店
精油各種、みつろう、クレイ、ローズウォーター、ドライハーブ各種、液体石けんなど

〒151-0051
東京都渋谷区千駄ヶ谷5-24-2
TEL 03-5361-3111
http://www.tokyu-hands-shinjuku.com/

アロエランド
生アロエベラ

〒421-0511
静岡県榛原郡相良町片浜783-2
TEL&FAX 0548-52-3355
http://aloeland.tetto.com/index.html

サトウ椿株式会社
椿油

〒413-0013 静岡県熱海市銀座町6-6
TEL 0557-81-2575　FAX 0557-81-2556
フリーコール 0120-86-2891
http://www.sato-tsubaki.co.jp/

※ショップの所在地、電話番号は変わる場合があります。

薬局で手に入るもの	ベーキングソーダ（重曹）、精製水、ビタミンE、はと麦、無水エタノール
酒店で手に入るもの	ウォッカ、白ワイン、日本酒
食材店で手に入るもの	はちみつ、天然塩、りんご酢、レモン、オートミール、コーンスターチ、ベーキングソーダ（重曹）、粉ゼラチン、米ぬか、さらしあん、粉末昆布、抹茶、緑茶、とうがらし、プレーンヨーグルト、牛乳、オリーブオイル、椿油、グレープシードオイル

プレゼントアイデア

この本に登場したレシピの中から、プレゼントにぴったりのセットを紹介します。材料だけを詰めて、レシピを添えて贈るのもひとつのアイデア。

お風呂を楽しくするセット

- バスソルト
- ドライハーブ

贈る相手のお気に入りの精油でつくった入浴剤に、彩りのきれいなドライハーブを添えて。ハーブは「お風呂に浮かべてね」の言葉とともに贈りましょう。入浴剤プラスαの楽しみが生まれます。

乾燥肌解消セット

- ハンドクリーム
- リップクリーム

もっとも乾燥しやすい季節に手離せないのがハンド&リップクリーム。手づくり化粧品になじみのない人でも使いやすく、親しみやすいセットです。お菓子を入れるようなラッピングボックスに詰めて。

ヘアケアセット

- シャンプー
- リンス

髪が本来のうるおいを取り戻す、お手製シャンプー&リンスなら喜ばれることうけあいです。変質しにくいところも贈り物向きです。そのままバスルームにおいておけるよう、耐水性のかごに入れて贈っても素敵。

おわりに

最近の手づくり自然化粧品の人気にともない、今までは入手できなかったような専門的な材料も出回るようになり、手づくりを楽しむ人にはとても便利になってきています。しかしその反面で、自然化粧品をまだつくったことのない人たちとのギャップが大きくなってきたようにも思います。自然化粧品をつくってみたいけど、材料集めが大変そう、知らない材料が多くて難しい、と入り口で立ち止まっている方にとって、本書が扉をあける鍵となってくれれば本望です。

最後に本書をつくるにあたって私を支えてくださったみなさまに感謝の意を表します。カメラマンの南雲さん、スタイリストの太田さん、デザイナーの川島さん、三瓶さん、童夢の永田さん、白井さん、谷本さん、素晴らしい本にしてくださり、どうもありがとうございました。

そしていつでも私を100%信じて支えてくれる日本の家族、喜美代おばさん、amy、nylonさん、夫、猫のたお。みんななくてはならない存在です。どうもありがとう。

小幡　有樹子

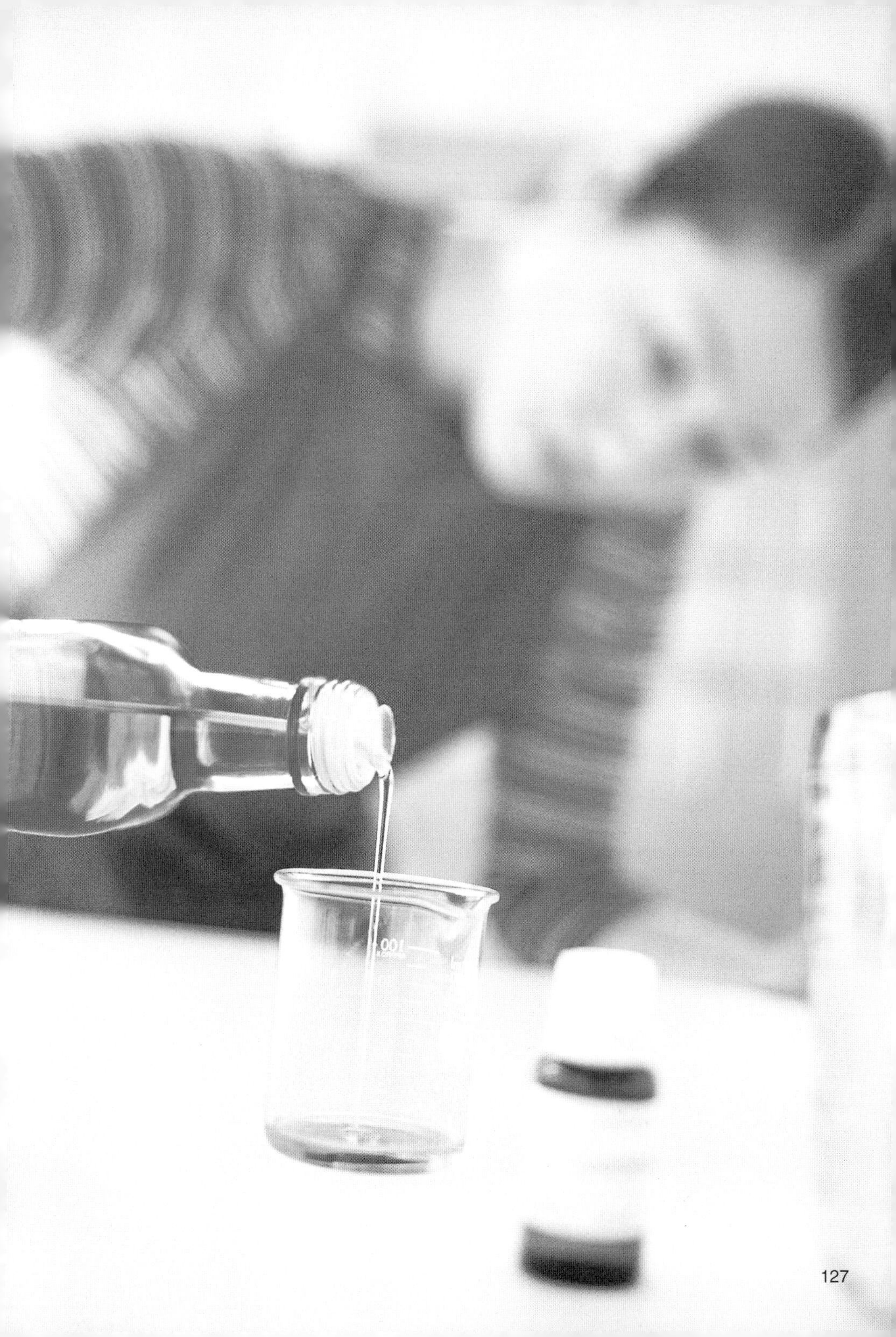

●著者
小幡有樹子（おばた　ゆきこ）

1966年千葉県生まれ。カナダのブリティッシュコロンビア大学卒業。ニューヨーク在住。渡米して肌荒れに悩まされた経験から、ホームページ「tao's handmade soap」を立ち上げ、手づくり石けん・自然化粧品を紹介。大きな反響を呼ぶ。趣味は本屋に行くこと、お風呂の時間を愉しむこと、猫の写真を撮ること。
著書に「キッチンでつくる自然化粧品」(ブロンズ新社刊)、「肌に優しい手作り石けん＆入浴剤　四季のレシピ」(サンリオ刊)、「しあわせバスタイム！手づくり入浴剤」(弊社刊)など多数。

撮　　影　　南雲保夫
スタイリング　太田サチ
本文デザイン　スタジオ・ギブ
編集協力　　（株）童夢

撮影協力　東急ハンズ渋谷店（タオル）
　P.13、P.19、P.25、P.44〜45、P.60〜61、P.89、P.96、P.116

参考文献
『お菓子作り「こつ」の科学』河田昌子(柴田書店 1987)／『Early American Herb Recipes』Alice Cooke Brown（Dover Publications 1966）／『The Complete Book of Essential Oils & Aromatherapy』Valerie Ann Worwood（New World Library 1991）／『A Consumer's Dictionary of Cosmetic Ingredients 5th Edition』Ruth Winter（Three Rivers Press 1999)

おうちでエステ！手づくりコスメ編

著　者	小幡有樹子
発行者	高橋秀雄
編集者	金子　文
印刷所	フクイン
発行所	高橋書店

〒112-0013
東京都文京区音羽1-22-13
電話 03-3943-4525（販売）／03-3943-4529（編集）
FAX 03-3943-6591（販売）／03-3943-5790（編集）
振替 00110-0-350650

ISBN4-471-03420-0
ⒸTAKAHASHI SHOTEN　Printed in Japan
本書の内容を許可なく転載することを禁じます。
定価はカバーに表示してあります。乱丁・落丁は小社にてお取り替えいたします。